自动化专业导论

（第2版）

张兰勇　刘　胜　主编

哈尔滨工程大学出版社
Harbin Engineering University Press

内容简介

本书结合自动化专业定位、自动化专业人才培养目标和社会对自动化专业人才的需求,以自动化科学与技术的内涵、特征及发展趋势为主线,系统地介绍自动化的原理、基本技术及其应用,并融入了编者多年参加船舶控制领域科研项目的实例,具有鲜明的"三海"特色。

本书既可作为普通高等院校自动化类专业大学一年级新生的导学性教材,又可作为电气工程及自动化、机械设计及自动化、化工自动化等本科专业宽口径教育的通识课或选修课教材。对控制学科和自动化技术感兴趣的广大读者来说,本书也是一本图文并茂、内容丰富、基础和启发并存的参考用书。

图书在版编目(CIP)数据

自动化专业导论 / 张兰勇,刘胜主编. — 2 版. —
哈尔滨:哈尔滨工程大学出版社,2021.7(2023.7 重印)
ISBN 978 – 7 – 5661 – 3030 – 3

Ⅰ. ①自… Ⅱ. ①张… ②刘… Ⅲ. ①自动化技术 –
高等学校 – 教材 Ⅳ. ①TP2

中国版本图书馆 CIP 数据核字(2021)第 060433 号

自动化专业导论(第 2 版)
ZIDONGHUA ZHUANYE DAOLUN(DI 2 BAN)

责任编辑　马佳佳
封面设计　李海波

出版发行	哈尔滨工程大学出版社
社　　址	哈尔滨市南岗区南通大街 145 号
邮政编码	150001
发行电话	0451 – 82519328
传　　真	0451 – 82519699
经　　销	新华书店
印　　刷	黑龙江天宇印务有限公司
开　　本	787 mm×1 092 mm　1/16
印　　张	9.25
字　　数	210 千字
版　　次	2021 年 7 月第 2 版
印　　次	2023 年 7 月第 4 次印刷
定　　价	28.50 元

http://www.hrbeupress.com
E-mail:heupress@ hrbeu. edu. cn

前　言

本书是面向自动化类专业本科生第一学期的专业介绍性教材,本书全面介绍了自动化科学与技术的基本概念、学科性质、发展历史、控制方法、应用领域以及发展前景,并介绍自动化类专业的培养目标、教学安排及学习方法,目的是使自动化类专业一年级学生从一入学就能对自动化类专业及技术有初步且较全面的了解和认识,为今后四年乃至更长时间内的学习与研究打下基础,使其学习的目的性更明确,并立志为我国自动化事业的发展贡献力量。

本书结合自动化类专业定位、自动化类专业人才培养目标和社会对自动化类专业人才的需求,对自动化类专业的内涵以及相关知识结构进行了梳理和总结。全书采用"专业定位＋基础知识＋体系结构＋工程实例分析"的结构进行编写,注重理论的系统性和实用性,注重素质教育和创新理念的灌输。本书部分自动化技术应用的介绍取材于编者教学科研实践,且理论联系实际,可读性强。

全书共五章,第1章较深入地介绍自动化科学技术的研究内容,介绍自动化科学技术的发展历史,以及自动化在工业化、信息化、经济全球化与现代化建设中的重要性,首次提出自动化科学技术是现代化进程中的基石的观点。第2章介绍自动化的最基本的原理与最核心的概念及自动化科学技术的特点。自动化科学技术包含了检测理论与技术、系统建模、控制策略设计、控制系统实现、系统仿真试验、信息管理系统、大系统集成等主要内容,并总结出自动化科学具有数学属性、对象特性、系统与社会属性、渗透与扩散特性等鲜明特点。自动化技术具有桥梁、倍增、系统集成等作用。第3章从分析自动化科学技术学科包含的内容着手,给出自动化类专业的完整知识体系和完整课程体系。自动化专业具有多学科交叉、突出方法论、系统集成等鲜明特点。通过对世界范围内高等工程教育整体发展趋势的分析,探讨、预测自动化类专业高等教育的发展趋势。第4章介绍了编者多年来在船舶工程实践中积累的科研实例,以培养学生投身船海领域工程的兴趣。第5章介绍了自动化技术在工业生产、军事技术、建筑工程、交通运输、信息工程、农业生产、医药卫生等各个领域的广泛应用。全书内容循序渐进,通俗易懂,可以使学生对自动化专业、自动化科学技术及其应用有较深的了解。

本书的撰写得到了哈尔滨工程大学教材专项的资助,在此表示感谢。同时,许长魁、战慧强、牛鸿敏、王帮民、郭晓杰、赵宝令等研究生在实例分析、图表编辑、资料整理等方面提供了很多帮助,在此一并表示感谢。

由于时间仓促,加之编者水平有限,书中难免有差错和欠妥之处,敬请读者批评指正。

编　者

2020 年 10 月

目　　录

第1章　现代化进程中的基石——自动化科学技术

1.1　自动化的内涵

自动化与机械化、电气化、工业化及信息化一样，是技术革命的直接产物，是社会发展与进步的重要推动力。

自动化科学与技术是自动化的源泉与基础，其物化结果是自动化设备与系统，其应用包括自动化设计、自动化制造、自动化工程、自动化管理、自动化决策、自动化运行等。

在《现代汉语词典》(第7版)中，"自动化"的解释为"在没有人直接参与的情况下，机器设备或生产管理过程通过自动检测、信息处理、分析判断等，自动地实现预期操作或完成某种过程"。按"自动化"对应的英译名词"Automation 或 Automatization"，其含义或解释有三：

(1)指设备、过程或系统的自动运行或自动控制(The automation operation or control of equipment, a process, or a system)；

(2)用于实现自动运行或自动控制的技术或设备(The techniques and equipment used to achieve automation operation or control)；

(3)被自动控制或自动操作的状态(The condition of being automatically controlled or operated)。

简言之，"Automation"包含了设备、过程或系统的自动化、自动化技术或设备，以及自动化状态。

以上对自动化的解释中，包含了两层基本意思：

(1)所谓"自动"的，即没有人或很少人直接参与；

(2)虽然没有或不需要人，但应按人的要求去做。

也就是说，自动化是指设备、过程或系统在没有人或较少人的参与下，按照人的期望和要求，通过自动运行或自动控制，完成其承担的任务。由此可看出，自动化对人类的重要性体现在：一方面，通过实施自动化，能极大地提高劳动生产率、降低工人的劳动强度，使蓝领工人转变为白领工人；另一方面，像机器人这样的自动化设备、系统能在危险、恶劣的环境下替代人完成各种作业。

自动化设备与系统完成作业的一致性与重复性要远高于人，生产的产品质量大幅度提高，从而使产品的竞争力也大幅度地提高，这对于发展国家经济尤为重要。

从自动化的定义还可看出,自动化涉及的范围极其广泛。从深度来看,以工业生产为例,小到一个普通的设备(如电机),大到企业的整个加工、制造系统乃至企业的整个生产过程,都可以是自动化的,可称之为自动化设备、自动化系统和自动化过程;从广度来看,涉及第一产业——农业自动化、第二产业——工业自动化、第三产业——服务自动化(如办公自动化、楼宇自动化、商务自动化、交通自动化等),涉及的系统有人造系统(如机器系统、交通系统、电力系统、军事系统)和自然系统(如生命系统、生态系统),涉及的过程有生产过程、管理过程、决策过程等。

1.2　工业化进程中的自动化

1.2.1　工业化的定义

根据《现代汉语词典》(第 7 版)的解释,"工业化"是使现代工业在国民经济中占主要地位。根据《高级汉语大字典》的解释,"工业化"是现代工业在国民经济中占主要地位的行动或过程,相应的工业化国家是指现代工业在国民经济中占主要地位的国家。

由"工业化"的定义可知:

(1)工业化主要指工业;

(2)工业化是一个过程;

(3)实现工业化的标志是"现代工业"在国民经济中占主导地位。

1.2.2　工业化发展的三个阶段

从科学技术对"现代工业"发展影响的角度来说,世界范围的工业化进程大致可分为 3 个发展阶段——机械化、电气化与自动化,如表 1-1 所示。

表 1-1　世界范围内工业化发展的三个阶段

工业化阶段	主要特征	起源时间	大量应用于工业的时间	在工业化中的作用	备 注
机械化	使用机器(动力机、传动机、工作机)	1760 年(蒸汽机)	1870 年前后	机器——奠定工业化基础	英、美等国成为工业化国家
电气化	应用电机、供电网络	1870 年前后(发电机)	20 世纪初	电机与供电网络——能量流	日本等国成为工业化国家
自动化	电子控制器	1927 年(电子反馈放大器)	1950 年前后	形成刚性自动化生产线	韩国等国成为工业化国家

工业化起源于1760年开始的工业革命,而工业革命起源于以蒸汽机为标志的动力机械的应用——即第一次工业革命。用机器生产机器,从动力机、传动机到由工作机组成的机器系统,可以说,工业革命创造了机器体系,完成了工厂的手工业向机器大工业的过渡,逐步实现了所谓的工业机械化。毫无疑问,机械化奠定了工业化的基础,是实现工业化的基石。

19世纪下半叶,欧美的工业生产基本实现机械化,以电的发明与大范围推广应用为标志的第二次工业革命,使电机与供电网络逐步成为各生产机械高效、安全、方便的动力源,逐步替代机器系统中的动力机和传动机,使机器系统与机器大工业发生了革命性的变化,使劳动生产率再次大幅度提高,工业化迈上了第二个台阶——电气化,人类社会也同时进入了电气时代。

机械化与电气化使生产力大大提高,但工业生产的每个环节都必须有人参与。随着电子反馈放大器的应用,应用自动控制技术代替人工控制各种机械、电气设备逐步成为可能。自动控制的引入,使由动力机、传动机和工作机组成的机器系统能更有效、更安全地运行,生产出的产品质量明显提高,并由此形成大规模的自动化生产线,工业化迈上了更高的台阶——自动化。

形象地说,工业化的3个阶段可表示为:

(1)机械化,在各种生产中大规模使用机器系统;

(2)电气化,在机器系统中普遍使用电机与供电网络;

(3)自动化,在机电系统中进一步加入自动控制技术。

1.2.3　世界各工业国实现工业化的历程

从世界各工业国实现工业化的历程来看,有代表性的国家如下。

(1)世界上第一个工业化国家——英国。英国正式完成了工厂手工业向机器大工业的过渡,在世界上第一个实现了工业机械化,使劳动生产率提高20倍,成为"世界市场",于19世纪中叶率先成为工业化国家。在19世纪初,机械化曾是工业化的标志。

(2)亚洲第一个工业化国家——日本。20世纪初,日本的工业在国民经济中占主要地位,从而使其成为工业化国家。

(3)新兴工业化国家——韩国。韩国成为工业化国家的时间是20世纪下半叶,那时"现代工业"的科技标准已上升到不仅需要机械化、电气化,而且需要自动化,这也是现今工业化的标准。

随着时代的发展,除了要求工业在国民经济中占主要地位不变外,工业化的科技标准也在不断发展、不断提高。在进入21世纪的今天,一个国家仅仅完成了机械化、电气化并不能被称为工业化国家,因为这样的工业化显然是没有竞争力的。

也就是说,今天衡量一个国家是否实现工业化,不仅要看其机械化水平、电气化水平,更要看其自动化水平。这样的工业化或许可称为"新型工业化",我国政府提出的"走新型工业化道路"的含义或许也就在于此。从这个意义上说,在当代,自动化是工业化的最重要标志,也是实现现代化的基石。

我国从20世纪下半叶开始工业化进程,几十年来取得了举世瞩目的成就,但任务还十分艰巨。从工业化的量的标准来看,我国的农业与手工业经济还占较大比例,且机械化、电气化水平还很低。从工业化的科技标准来看,国内工业总体上已基本实现机械化、电气化,但远未实现自动化。也正因为我国工业总体自动化水平低,所以我国工业的国际竞争力难以大幅度提高。

因此,我国工业化的艰巨任务是提高我国工业自动化的总体水平,大力发展自动化,从事自动化科学技术研究的人员肩负着义不容辞的使命和责任。

1.3　信息化进程中的自动化

1998年,美国副总统戈尔提出"数字地球",即数字化、信息化的虚拟地球,它以计算机技术、多媒体技术和大规模存储技术为基础(包括遥感技术、全球定位系统、地理信息系统、空间信息技术、虚拟技术、网络技术等),以宽带网络为纽带,以地球多分辨率、多尺度、多时间和多种类的三维描述为特征,其应用领域包括可持续发展、政府决策、百姓生活、科学研究等。

2008年11月,IBM提出"智慧地球"的概念,2009年1月,美国前总统奥巴马公开肯定了IBM"智慧地球"思路。智慧地球的核心是借助微处理器和射频识别标签等IT手段,使整个社会网络化,通过数据分析、比较和数据建模,使各种数据可视化,进而对所有信息进行统一管理。

2009年8月上旬,时任总理温家宝在无锡视察时指出,"要在激烈的国际竞争中,迅速建立中国的传感信息中心或'感知中国'中心"。"感知中国"是中国发展物联网的一种形象称呼,就是中国的物联网。通过在物体上植入各种微型感应芯片使其智能化,然后借助无线网络,实现人和物体"对话"、物体和物体之间"交流"。物联网为我们展示了生活中任何物品都可以变得"有感觉、有思想"这样一幅智能图景,被认为是世界下一次信息技术浪潮和新经济引擎。

"信息化"一词,最早起源于20世纪60年代的日本。信息化这一概念的引入促使众多的社会学家相信人类已从农业时代、工业时代进入今天的信息时代。也可以说,人类已从农业社会、工业社会步入了今天的信息社会。

自1967年日本科学技术与经济研究团体提出"信息化"这一概念以来,国内外有关"信息化的定义与包含内容"的研讨与争论就一直没有停止过,以至于在英文词典、汉语字典,以及英汉、汉英词典中,至今都没有"信息化"一词,更没有相关的解释。

对"信息化"如何认识,如何定义,虽然至今尚未有统一意见,但不能否认的是,近10

年来,"信息化"以及其英译名词"Informatization",频频出现在中国政府的各种报告中及国内的各种媒体上,成为许多中国人耳熟能详的新名词。

1.3.1　制造业自动化

广义的信息化进程中的制造业包含了第二产业——工业的大部分,如机械、汽车、航空、航天、船舶、家电、冶金、石化、医药等工业。因此制造业自动化几乎成了工业自动化的代名词。

对工业,尤其是制造业来说,从信息技术发展与应用的角度来看,到目前为止,信息化发展也可分为 3 个阶段,顺序为计算机化(或称为数字化)、网络化、系统化(或称为集成化),如表 1 - 2 所示。

表 1 - 2　工业信息化的阶段划分(从信息技术发展与应用角度)

信息化阶段	主要特征	起源时间	大量应用于工业时间	在工业"信息化"中的作用
计算机化	应用计算机	1946 年	1960 年前后	计算机——信息化基础
网络化	通信、网络	1969 年	1980 年前后	网络——信息流
系统化	系统、管理、集成	1973 年	1990 年前后	先进自动化形成 CIMS、CIPS

计算机化起源于 20 世纪 40 年代,1946 年世界上第一台计算机诞生;网络化起源于 20 世纪 60 年代,1969 年世界上第一个计算机网络 ARPANET 在美国启用;而系统化则起源于 20 世纪 80 年代,1973 年提出计算机集成制造系统 CIMS 的概念,1984 年美国开始大规模实施。

由此可看出,对工业,尤其是制造业来说,信息化就是在机械化、电气化与自动化基础上,在自动化机电系统中进一步使用数字计算机——计算机化,再进一步联网——网络化,继而引入系统与管理——系统化或集成化,从而构成计算机集成制造系统 CIMS 与计算机集成过程系统 CIPS,成为更先进的自动化系统——物联网系统。换言之,对工业而言,信息化实质上就是更先进的自动化。

形象地说,英美等发达工业化国的工业发展经历了以下 6 个阶段:

(1)机械化,在各种生产中大规模使用机器系统;

(2)电气化,在机器系统中普遍使用电机与供电网络;

(3)自动化,在机电系统中进一步加入自动控制器;

(4)计算机化,在自动化机电系统中大规模使用数字计算机;

(5)网络化,在自动化机电系统中大规模实现计算机联网;

(6)先进自动化,综合集成了系统控制与管理理念。

仔细分析工业化与工业信息化之间的关系还可以发现,工业化 3 个阶段与工业信息化 3 个阶段有相当明显的一一对应关系。图 1 - 1 给出了这 6 个阶段相互之间的关系图。

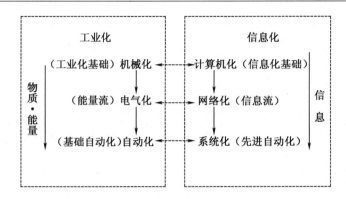

图 1-1　工业化与工业信息化对应关系示意图

由图 1-1 可看出,除了处理对象不同之外(从现代科技的角度,工业化处理的是"物质与能量",工业信息化主要处理的是"信息"),工业化与工业信息化之间有着惊人的相似。

(1)工业化的基础是机械化,对应着信息化的基础是计算机化,都以"机"为基础。

(2)电气化实际上是工业化中的能量流。虽然机械化阶段靠气、液等提供能量,但真正形成能量流是在电气化之后,并迅速取代了气、液,成为能量流的重要载体。同样可从信息流的角度看"信息化"中的网络,虽然早期的计算机间也能完成简易通信——点对点通信,但真正形成信息流是在建立了网络之后,并迅速取代了简易通信,成为信息流的主要载体。即两者都以"网"与"流"为特征。

(3)在"机"的基础上通过"网"与"流"分别构成基础自动化与先进自动化。

由以上分析可知,计算机化、网络化和系统化实际上都是自动化的组成部分。其中计算机化、网络化是先进自动化的基础、手段与工具(对应着信息技术中的信息传输与信息处理),而系统化或集成化是先进自动化的内涵与目的。因此可知,先进自动化是制造业"信息化"的最重要标志之一。

1.3.2　信息化进程中的非制造业自动化

在"信息化"进程中,不仅对工业,而且对第一和第三产业,自动化同样起着十分重要的作用。

顾名思义,非制造业是指除制造业以外的所有产业,包括第一产业中的农业、林业、牧业、渔业等,第二产业中的矿产业、建设业等和第三产业(服务业)全部。因而可以预见,非制造业自动化对人类社会的影响不亚于制造业自动化。

从 20 世纪 50 年代开始,制造业自动化取得辉煌成就,使生产效率大大提高、产品价格大大下降,并使工业化国家从事制造业的人数逐步减少。而与此同时,服务业就业人数急剧增加,服务价格不断攀升。表 1-3 给出了德国从 1976 年到 1994 年不同产业从业人员的变化。可以看出,第二产业的从业人员大大减少,而第三产业的从业人员大大增加。据报道,美国目前有 2/3 的人从事服务业,只有约 13% 的人从事制造业。

表 1-3 德国不同产业从业人员变化

产业	行业	1976 年从业人员(基数)/人	1994 年从业人员/人	20 年增减数/人
工业	制造、建设	1 000	104	-896
服务业	旅馆、饭店、社区、家政及与个人有关的服务	1 000	1 236	+236
	交通、运输、通信	1 000	1 684	+684
	金融、房地产、租赁、商业	1 000	2 174	+1 174
	教育、医疗、公共事业与国防	1 000	2 617	+1 617

因此,20 世纪 90 年代以来,随着制造业自动化发展水平逐步趋于饱和及人们对生活质量要求的不断提高,非制造业自动化尤其是服务业自动化呼之欲出。对第一产业中的农业、林业、牧业、渔业等和对第二产业中的矿产业、建设业等来说,发展非制造业自动化能极大地减轻从业人员的劳动强度、提高安全系数、提高劳动效率;对第三产业即服务业来说,发展服务业自动化同样能极大地减轻从业人员的劳动强度、提高安全系数、提高劳动效率,同时还能提高服务质量,并使服务价格趋于稳定。如美国,为了减少交通事故(据统计,由交通事故,美国每年在公路上死亡 4 万人、受伤 170 万人,损失超过 1 500 亿美元)和减少交通阻塞(由于交通阻塞造成的经济损失每年超过 500 亿美元),1993 年美国正式开始研发全自动高速公路系统(AHS)。随后日本启动类似的计划,旨在使用全自动高速公路系统。

因此,从自动化的发展来看,在经历了制造业自动化以及所谓的办公自动化和商务自动化发展后,将是非制造业自动化(包括农业自动化、地下作业自动化、水下作业自动化、地面建设作业自动化、交通自动化和范围更广泛的服务自动化等)的快速发展时期。如果说,在 20 世纪下半叶,一个国家制造业自动化的水平决定了该国整体工业的水平,那么在 21 世纪上半叶,一个国家非制造业自动化的水平将决定该国第一与第三产业的水平。

1.4 经济全球化进程中的自动化

随着 20 世纪末信息技术的飞跃发展,经济全球化的发展势不可挡。我国于 2001 年正式加入 WTO(世界贸易组织),我国的经济全面融入国际经济,国内市场就不得不逐步地全面对外开放。发达工业国在先进的自动化理念下,应用先进自动化设备和先进自动化系统,通过先进自动化过程,制造出的各种高质量的工业产品、农产品以及服务产品,就有可能长驱直入,不仅占领我国的高端产品市场(目前已占领了很大一部分),还在进一步占领我国的中低端产品市场。

近些年,我国每年花费大量外汇进口的主要是各种先进自动化设备与系统(含软件),如2000年我国进口额2500亿美元的70%是买国外的生产线及各种工业、农业和服务业的机械化和自动化装备。而同期我国出口额2550亿美元的90%以上是卖原材料与初级低端产品。

我国用了短短的10多年时间,一跃成为造船大国,但还不是造船强国,其主要原因是造船附加值低,船用配套设备本土化生产能力水平低,缺乏具有自主创新、核心竞争力的高端产品。

因此在经济全球化的浪潮下"与狼共舞",大幅度地提高我国产品,尤其是具有高附加值的高端工业产品的国际竞争力的历史性艰巨任务已摆在我们面前。而要做到这一点,除了需要进行产业体制改革、产业结构调整等一系列改革外,提高我国的先进自动化水平也是至关重要的。只有采用先进自动化设备和先进自动化系统,通过先进自动化过程(包括设计自动化、管理自动化),才能大幅度地提高产品质量,制造出各种高档、高质量的产品。

1.5 现代化进程中的自动化

何为现代化,尚无确切的定义。不同国家、不同时代的人有不同的理解。

在《现代汉语词典》(第7版)及《高级汉语字典》中,对"现代化"一词的解释是"使具有现代先进科学技术水平"。根据这一解释,现代化也是一个不断发展的概念,大到国家、小到某个设备,具有现代先进科技水平就可称之为现代化国家、现代化设备。同样根据这一解释,只有为数不多的发达工业国才能称之为现代化国家。工业现代化、农业现代化、国防现代化、科技现代化——"四个现代化",一直是中国人的伟大梦想——"中国梦"。

2003年初,在由中国科学院"中国现代化战略研究课题组"编写的"中国现代化报告"中,将世界范围内的现代化分为以工业化、城市化为主要特征的第一次现代化进程和以知识化、信息化为主要特征的第二次现代化进程。同时指出,在1950年到2001年的50多年中,我国第一次现代化实现程度从26%上升到78%,平均每年上升一个百分点。党的十六大报告指出,我国要在21世纪头二十年中,基本实现工业化,"中国现代化报告2003"中定义的(第一次)现代化基本上就等同于工业化。

由此看来,自动化在第一次现代化进程中的地位类同于自动化在工业化进程中的地位。

（1）对农业来说，种、管、收采用各种机器人与自动化装备，是否为农业现代化？

（2）对工业来说，办公室、研究室、工厂企业采用各种机器人与自动化装备，实现了自动化设计、自动化制造、自动化运行到自动化管理、自动化决策，是否为工业现代化？

（3）对军队来说，各种武器、装备到指挥作战系统高度自动化甚至无人化，是否为国防军事现代化？

（4）对家庭来说，每家每户采用各种自动化设备，甚至烧菜也能自动化，是否为生活现代化？

当然，简单地将现代化比拟为自动化并不合适。但不管对现代化如何定义与认识，有一点可以肯定的是，自动化必定是现代化的重要标志之一。

综上所述，自动化科学技术是现代化进程中的基石。

第 2 章　自动化科学技术

2.1　自动化科学技术的发展历史

早在 2000 年前,我国就有了自动控制技术方面的发明。据历史记载,春秋战国时代,我国发明的指南针,就是一个按扰动控制原理构成的开环控制系统。北宋时代苏颂和韩公廉制造的水运仪象台使用了一个天衡装置,实际上就是一个按被测量偏差控制原理构成的闭环控制系统,而且还是一个直接调节的位置无差闭环非线性自动控制系统。

荷兰人德雷贝尔(C. Drebbel)在 1620 年前后发明的温度调节器,用来保持鸡蛋孵化器温度的恒定。孵化器是用火通过其内外夹层中的水间接加热的,火焰的大小靠孵化器顶部通风口挡板的开度来调节,内部温度由温度计测量,温度升降可以使通风口开度减小或增大。

人们普遍认为,最早应用于工业过程的闭环自动控制装置,是 1788 年左右瓦特发明的飞球离心式调节器,它被用来控制蒸汽机的转速。此装置利用飞球的转动控制阀门的开度,控制进入蒸汽机的蒸汽流量,从而达到控制蒸汽机转速的目的。

最先对反馈控制系统的稳定性进行系统研究的是麦克斯韦(J. C. Maxwell),1868 年他的一篇论文《论调节器》,基于微分方程描述,从理论上给出了系统是否稳定的条件是其特征方程的根是否具有负实部。

数学家劳斯(E. J. Routh)和赫尔维茨(A. Hurwitz)分别在 1877 年和 1896 年独立地提出了两种著名的代数形式稳定判据,这种方法不必首先求解微分方程式而直接从方程式的系数,也就是从“对象”的已知特性来判断系统的稳定性。劳斯的稳定判据简单易行,至今仍广泛应用。

1892 年,俄国学者李雅普诺夫发表了题为《运动稳定性的一般问题》的论文。他在数学上给出了稳定的精确定义,提出了两个著名的研究稳定问题的方法(李氏第一法和第二法),为线性和非线性系统理论奠定了坚实的理论基础。他所创立的运动稳定性理论具有非常重要的意义,并成为后来一切有关稳定性研究的出发点。他的研究成果直到 20 世纪 50 年代末才被引进自动控制系统理论领域。

1922 年,米纳斯基(N. Minorsky)给出了位置控制系统的分析,并给出了 PID 控制规律;他研制了船舶操纵自动控制器,并且证明了如何从描述系统的微分方程中确定系统的稳定性。1931 年,美国开始出售带有线性放大器和积分作用的气动控制器。1934 年,哈仁(H. L. Hazen)给出了伺服机构的理论研究成果。1942 年,齐格勒(J. G. Zigler)和尼克尔斯(N. B. Nichols)又给出了 PID 控制器的最优参数整定法。

控制理论的发展也同反馈放大器的发展紧密相关。第一次世界大战之后,随着电子管放大器的诞生,长距离的电话通信变成可能。但是随着距离增加,信号能量损耗加大,造成信号失真。针对长距离电话线路负反馈放大器应用中出现的失真等问题,1932 年,奈奎斯特(H. Nyquist)提出了用回路频率特性图形判别系统稳定性的频域稳定性判据,这种方法只需利用频率响应的实验数据,不用导出和求解微分方程。根据这个理论,美国学者波特(H. Bode)进一步研究通信系统频域方法,提出了频域响应的对数坐标图描述方法,并于 1945 年发表《网络分析与反馈放大器设计》,将反馈放大器原理应用到了自动控制系统中,这是一项重大突破,出现了闭环负反馈控制系统,提出了反馈放大器的一般设计方法,这就是频域分析法。1943 年,哈尔(A. C. Hall)利用传递函数(复数域模型)和方框图,把通信工程的频域响应方法和机械工程的时域方法统一起来,人们称此方法为复域方法。频域分析法主要用于描述反馈放大器的带宽和其他频域特性指标。

第二次世界大战期间,使用和发展自动控制系统的主要动力来源是设计和发展自动导航系统、自动瞄准系统、自动雷达探测系统和其他在自动控制系统基础上发展起来的军事系统。这些控制系统的高性能要求和复杂性,促进了对非线性系统、采样数据系统,以及随机控制系统的研究。

第二次世界大战结束后,经典控制技术和理论基本建立,1948 年,伊万思(W. R. Evans)又进一步提出了属于经典方法的根轨迹设计法,发表了"根轨迹法",在理论上提供了根据系统的微分方程式模型研究系统的一个简单有效的方法。他给出了系统参数变化与时域性能指标变化之间的关系,其根据是当系统参数变化时,特征方程式根变化的几何轨迹。直到现在,它还是系统设计和稳定性分析的一个重要方法。至此,复数域与频率域的方法得到了进一步完善。由于这项贡献,控制工程发展的第一个阶段基本完成了。建立在奈奎斯特判据及伊万思根轨迹法上的理论,目前统称为经典控制理论。到20 世纪 50 年代,它已发展到相当成熟的地步,在工程应用中呈现出爆炸性的增长,并列为大学正式课程。

以奈奎斯特稳定性判据和波特图为核心的频域分析法和根轨迹分析法两大系统分析方法配之以数学解析方法的时域分析法,构成了经典控制理论的基础。在经典控制理论的研究中,所使用的数学工具主要是线性微分方程、基于 Laplace(拉普拉斯)变换的传递函数和基于傅里叶变换的频率特性函数;研究对象基本上是单输入单输出系统,以线性定常系统为主。在此阶段,较为突出的应用是直流电动机调速系统、高射炮随动跟踪控制系统及一些初期的过程控制系统等。在此期间,也产生了一些非线性系统的分析方法,如相平面法、描述函数法,以及采样离散系统的分析方法。

1945 年贝塔朗菲(L. V. Bertalanffy)的《关于一般系统论》、1948 年维纳(N. Wiener)的《控制论》(Cybernetics)与香农(C. E. Shannon)的《通信的数学理论》(俗称为《信息

论》)、1950 年莫尔斯(P. M. Morse)的《运筹学方法》,以及 1945 年冯·诺依曼(J. V. Neumann)提出的现代计算机体系结构先后问世。其中,对自动化科学与技术发展影响最大的当属维纳的《控制论》与贝塔朗菲的《关于一般系统论》。

1948 年,美国数学家维纳发表了著名的《控制论》一书。Cybernetics 一词来自希腊文,原意是"舵手"与"统治者"。在书中,维纳将控制论界定为"在动物和机器中控制与通信的科学"。1954 年,著名科学家钱学森在美国出版了著名的《工程控制论》一书,主要面向工程应用。《工程控制论》系统地揭示了控制论对自动化、航空、航天、电子通信等科学技术的意义与深远影响。《控制论》与《工程控制论》的问世吸引了大批的数学家与工程技术专家从事控制论的研究,推动了该学科的发展,也使原先对维纳的《控制论》持批判态度的哲学家们肯定了控制论是研究信息与控制一般规律的新兴科学。

20 世纪五六十年代人类开始征服太空,1957 年苏联成功发射第一颗人造卫星,1968 年美国阿波罗飞船成功登上月球。在这些举世瞩目的成功中,自动控制起着不可磨灭的作用,也因此催生了 20 世纪 60 年代的第二代"控制理论"——现代控制理论的问世。

钱学森于 1954 年在美国用英文出版的《工程控制论》一书,可以看作由经典控制理论向现代控制理论发展的启蒙著作,影响很大,1956 年译成俄文版,1957 年译成德文版,1958 年译成中文版。在该著作中,钱学森除了阐述经典控制理论外,还提出了多变量系统协调控制、最优控制、离散控制系统、冗余技术和容错系统等分析和设计方法。

为现代控制理论状态空间法的建立做出开拓性贡献的还有美国学者贝尔曼(R. Bellman)、卡尔曼(R. E. Kalman)和苏联的庞特里亚金(L. S. Pontryagin)。在 20 世纪 50 年代,他们开始考虑用常微分方程作为控制系统的数学模型,这项工作在很大程度上是由于人造地球卫星的开发而提出的。卫星要求质量轻、控制精确,在分析和设计中用常微分方程作为数学模型比较方便,而且由于数字计算机的发展已经有可能解决过去尚不能实现的计算问题。在此期间,李雅普诺夫(A. M. Lyapunov)的成果开始被应用到控制系统中来,维纳等人在第二次世界大战期间关于最优控制的研究也被推广来研究轨迹的优化问题:1954 年贝尔曼的动态规划理论、1956 年庞特里亚金的极大值原理、1960 年卡尔曼的多变量最优控制和最优滤波理论均属于状态空间方法。状态空间方法属于时域方法,它以状态空间描述(实际上是一阶微分或差分方程组)作为数学模型,将计算机作为系统建模分析、设计乃至控制的手段,适用于多输入多输出、非线性、时变系统,它不但在航空、航天、航海、制导与军事武器控制中有成功的应用,在工业生产过程中也逐步得到应用。

在这一时期,现代控制理论得到了蓬勃发展并被成功地应用于各种航空、航天器和其他领域(如火炮、船舶等机电系统的伺服与随动系统)。同时,第一台数控机床与第一台工业机器人样机于 1952 年和 1954 年先后问世,各种自动化生产线在工业化国家得到了普遍的应用。自动化技术取得了辉煌的成果,并得到了社会的广泛承认。

自动化科学技术在空间技术与工业应用等领域取得的巨大成功,使人们对控制的期望愈来愈高,人们希望其应用范围能越来越广、解决的实际问题能越来越多,同时控制质量还能越来越好。进入 20 世纪 70 年代，随着自动控制被广泛应用于工业生产的各个部门和社会经济、生物医学等领域，现代控制理论遇到了困难和挑战。工业（尤其是流程工业）领域的许多对象难以精确描述，变量过多，规模过大，再加上各种不确定因素与外部干扰，使现代控制理论无能为力。

现代控制理论面临的困难和挑战引发了对大系统、复杂系统乃至复杂巨系统的研究，并由此产生了 20 世纪 70 年代的大系统理论，促进了对系统论的进一步研究。系统和系统工程的方法受到控制科学家与工程师的日益重视，也导致 20 世纪 80 年代产生了多变量鲁棒控制理论，它引入了一些有效方法，在不确定性因素存在的情况下，控制系统依然能实现期望的性能。

从 20 世纪 70 年代开始的这一时期，随着计算机技术的不断发展，以计算机控制为代表的自动化技术被广泛应用（如 1975 年到 1985 年期间，可编程控制器 PLC 基本取代了传统的继电器）。计算机在各种自动化机器、设备（包括工业机器人）中的大量应用，使自动化技术产生了革命性的变化，并使得在一段时间内，自动化技术方面取得的进展主要来自计算机的大量应用与不断更新。

在接下来的时间里，自动化科学技术研究出现了许多分支。控制理论研究中的自适应控制、非线性控制、离散时间动态系统理论、混杂控制的概念、原理与方法被用来处理社会、经济、人口、环境等复杂系统的分析与控制，并形成了社会控制论、经济控制论、人口控制论等学科分支；对系统论的研究进一步加强，系统科学的思想和系统工程的方法成为自动化科学与技术体系的重要部分。

与此同时，自动化科学技术研究主要用于工业自动化生产中的计算机集成制造系统 CIMS、计算机集成过程控制系统 CIPS 等集成自动化技术；还有针对交通、商务、建设作业、农业等非制造业的综合自动化技术。

智能控制理论是近年来新发展起来的一种控制技术，是建立在现代控制理论的发展和其他相关学科的发展基础上的，是人工智能在控制上的应用。所谓智能，全称为人工智能，是基于人脑的思维、推理决策功能而言的。智能控制的概念和原理主要是针对被控对象、环境、指控目标或任务的复杂性提出来的，它的指导思想是依照人的思维方式和处理问题的技巧，解决那些目前需要人的智能才能解决的复杂控制问题。被控对象的复杂性体现在模型的不确定性、高度非线性、分布式的传感器和执行器、动态突变、多时间标度、复杂的信息模式、庞大的数据量以及严格的性能指标等，而环境的复杂性则表现为变化的不确定性和难以辨识。试图用传统的控制理论和方法去解决复杂的对象、复杂的环境和复杂的任务是不可能的。

当前主要的研究方向包括模糊控制理论、人工神经网络和混沌理论，以及支持向量机、遗传算法、进化算法和专家控制系统的理论，并且有许多研究成果产生。不依赖于系统数学模型的模糊控制器等工业控制产品已经投入使用，超大规模集成电路芯片（VLSI）的神经网络计算机已经运行，美国宇航专家应用混沌控制理论将一颗将要报废的人造卫星利用其自身残存的燃料成功地发射到了火星等。

智能控制理论的研究与发展,给信息与控制学科研究注入了蓬勃的生命力,启发与促进了人的思维方式,标志着信息与控制学科的发展没有止境。

纵观一百年来自动化科学与技术的发展,其有以下几个非常突出的特点。

(1)重大需求牵引

工业发展、战争需求、航空航天发展。

(2)坚实理论支持

控制论、系统论、信息论。

(3)众多学科交叉

除自然科学和系统科学外,信息、制造等技术科学的交叉、支撑与推动。

(4)快速技术辐射

除应用于制造业、军事、航空航天之外,概念、原理与方法被用于非制造业自动化,被用来处理社会、经济、人口、环境等复杂系统的分析与控制,其科学方法论对数理化天地生等学科的发展也有深刻的影响。

我国的自动化科学与技术研究比工业化国家起步要晚。20世纪40年代控制理论与方法开始引入我国;20世纪50年代钱学森将《工程控制论》等先进理论与技术带回国后,1956年自动化科学与技术被列为国家重点科技发展领域,同期开始建立各种研究机构,积极组织新理论、新技术的跟踪研究(包括研究开发元件、仪表、遥测遥控、计算机等);1964年和国外几乎同时起步研究计算机控制;1978年自动化学界重整,加入人工智能、模式识别、系统工程、生物控制等新兴分支。20世纪80年代,国家科委、国家自然科学基金委、各工业部门和高等学校纷纷建立自动化研发专门机构,国家科技攻关、国家"863"高技术计划、国家攀登计划、国家"973"基础研究计划等也均列入自动化科学与技术的研究和应用,吸引了大批科技人员专门从事自动化科学与技术的研究,我国的自动化科学与技术进入了蓬勃发展期。

自动化科学与技术在我国虽然才发展了短短60年,但已对我国的国防军事(尤其是"两弹一星"的研制)和国民经济建设(各种工业自动化装备与系统),以及宏观管理决策、人口预测和控制等做出了突出贡献。同时,我国在控制理论和系统理论研究上也取得了长足的发展。20世纪60年代在现代控制理论研究方面取得了若干领先的成果;系统理论和系统工程方面形成了自己的理论和方法论体系;复杂系统定性定量综合集成和混杂系统理论得到蓬勃发展。中国人对世界自动化科学技术的发展做出了重要贡献。

2.2　自动控制系统原理

2.2.1　自动控制系统组成

所谓自动控制,就是指在没有人直接参与的情况下,利用外加设备和装置(称为控制装置或控制器)使机器、设备或生产过程(统称为被控对象)自动地按照给定的规律运行,使被控对象的一个或几个物理量(即被控量,如空间运动体姿态、电压、电流、速度、位移、温度、压力、流量、张力、浓度、化学成分等)能够在一定的精度范围内按照给定的规律变化。例如,船舶在海上航行时,能按预定的航迹航向航行;船舶横摇减摇系统能有效地减小横摇;数控机床按照预定程序自动地对工件进行切削加工;化学反应釜的温度或流量及压力自动地维持恒定;轧钢机按照预定的轧制速度和板材厚度自动地变化轧辊速度和压下装置的位移;无人驾驶飞行器按照预定的轨迹自动起落和飞行;人造卫星准确地进入预先计算好的轨道和位置,自动地保持正确的姿态运行并准确地回收等。这一切都是以高水平的自动控制技术为前提的。

为达到这一目的,由一些相互联系和相互制约的环节按一定规律组成并具有一定功能的整体,称为系统。每个系统都有输入量和输出量。由控制器、执行机构和被控对象所组成的整体就叫控制系统。在控制系统中,控制器接收输入信号,通过执行机构产生相应的控制作用去操纵被控对象,使其输出符合对系统所提出的性能要求。当被控对象能由控制器与执行机构自动操纵时,这样的系统就称为自动控制系统。

被控对象总是有惯性的,所以控制系统一般都是动态系统。在动态系统中,当输入量变化时,系统输出量的相应变化(称为输出响应)不可能瞬时完成,存在着从一个稳态到另一个稳态的动态变化过程,称为动态响应,即过渡过程。

自动控制系统有两种最基本的控制形式,即开环控制和闭环控制。

开环控制是一种最简单的控制方式。开环控制的特点是,在控制器与被控对象之间只有顺向控制作用而没有反向联系,即控制是单方向进行的,系统的输出量对控制作用没有影响,控制作用直接由系统的输入量经控制器产生。在开环控制系统中,每一个参考输入量,都有一个与之相对应的控制作用和相应的工作状态及输出量。开环控制的优点是系统简单易行;缺点是系统的控制精度取决于组成系统的元器件的精度和被控对象的参数稳定性,因此对于元器件的要求比较高。由于输出量不能反向影响控制作用,所以输出量受扰动信号的影响比较大,系统抗干扰能力差。

扰动是加入系统的某些不希望的信号作用或参数变化,它对被控制量产生不利影响。扰动可以分为内扰和外扰,内扰是由组成系统的元器件参数的变化引起的;外扰则是由系统的动力源或外部环境及负载等外部因素所引起的。在一定的输入量(信号)作用之下,这些扰动量都会使系统相应的输出量出现偏差,开环控制系统并不具有抑制这种偏差的能力。因此,开环控制系统的准确度或控制精度是较低的。开环控制系统的动态响应较差,其输出量往往不能及时跟随输入量的变化而变化。

闭环控制系统的特点是,在控制器与被控对象之间,不仅存在着顺向控制作用,而且存在着反向控制作用,即控制系统的输出量对控制作用有直接影响。闭环控制能够检测出输出量并将其送回到系统的输入端,与输入量进行比较,从而产生偏差信号,偏差信号作用于控制器上,使系统的输出量向着趋向于期望输出量而减小误差的方向变化。闭环控制的实质,就是利用系统的输出对控制器的作用来减小系统的偏差,提高控制的精度。

　　在研究自动控制系统时,为了便于分析并直观地表示系统各个组成部分间的相互影响和信号传递关系,一般采用框(块)图表示。图 2 − 1 为一个开环控制系统的方框图。图 2 − 2 为闭环控制系统方框图。在方框图中,被控对象和控制装置的各元、部件(硬件)分别用一些方框表示。系统中感兴趣的物理量(信号),如电流、电压、温度、位置、速度、压力等,标在信号线上,其流向用箭头表示。用进入方框的箭头表示各元、部件的输入量,用离开方框的箭头表示其输出量,被控对象的输出量便是系统的输出量,即被控量,一般置于方框图的最右侧;系统的输入量一般置于系统方框图的左侧。"+"和"−"分别表示参与比较的信号相加和相减。

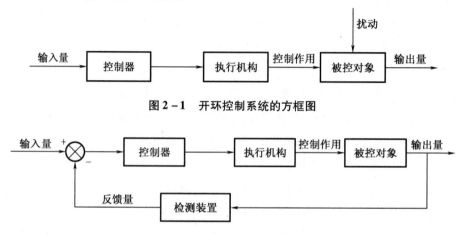

图 2 − 1　开环控制系统的方框图

图 2 − 2　闭环控制系统的方框图

　　闭环控制系统中,系统的输出量通过测量装置返回到系统的输入端,并和系统的输入量进行比较的过程称为反馈,检测装置的输出信号称为反馈量。如果输入量与反馈量极性相反,两者合成的过程是相减,称为负反馈;反之则称为正反馈。因此,闭环控制又称为反馈控制。反馈控制系统一般采用负反馈方式,输入量与反馈量之差称为偏差信号,又称误差。

　　在反馈控制系统中,控制器对于被控对象的控制作用中具有来自被控对象输出量的反馈信息,用来不断修正被控输出量的偏差,从而实现对被控对象实施控制的目的,这就是反馈控制原理。

　　自动控制系统通常都是带有输出量负反馈的闭环控制系统,是由各种结构不同的元、部件组成的。从完成"自动控制"这一职能来看,自动控制系统是由被控对象和控制器这两大部分组成的,其中控制器又是由各种基本的部件或元件构成的,每个部件或元件发挥一定的职能。在不同系统中,结构完全不同的元、部件可以具有相同的职能,因此,按职能划分,控制系统基本上由以下基本元部件组成。

1. 测量元件

　　测量元件的职能是检测被控制的物理量。如果这个物理量是非电量,如温度、压力、流量、位移、转速等,一般要把它转换成电量。因此,测量元件是用电的手段测量非电量的元件,又称为传感器。通过传感器可以把上述非电物理量变换成标准的电信号后作为反馈量送到控制器。

测量元件应当牢固可靠,其特性应当准确稳定,不受环境条件的影响。优良的测量元件是好的控制系统的基本保证。

2. 给定元件

给定元件的职能是给出与期望的输出量相对应的系统输入量,又称给定输入信号、参考输入信号或设定值。给定元件给出的给定输入信号必须准确、稳定,其精度应当高于系统要求的控制精度。

3. 比较元件

比较元件的职能是把测量元件检测到的、代表实际输出量的反馈信号与给定元件给出的设定信号进行比较,用以产生偏差信号来形成控制信号。常用的比较元件有差动放大器和信号比较器等。有些控制系统中,比较元件常常和测量元件或线路结合在一起,统称为偏差检测器或偏差传感器,如某些机械差动装置和电桥电路等。

4. 放大元件

放大元件的职能是将比较元件给出的偏差信号进行放大。因为比较元件给出的偏差信号通常比较微弱,不能直接驱动执行元件去控制被控对象。放大元件的输出必须有足够的幅值和功率,才能实现控制功能。电信号放大元件可用电子管、晶体管、集成电路、晶闸管及全控型电力电子器件等组成。

5. 执行元件

执行元件的职能是直接驱动被控对象,使被控对象的输出量发生变化。有时放大元件的输出可以直接驱动被控对象,但是大多数情况下被控对象都是大功率级的,而且其输入信号是非电物理量,因此需要进行功率级别或者物理量纲的转换,实现这种转换的装置就是执行元件,又称为执行机构。常见的执行元件有各类电动机、液压传动装置、阀,以及气动驱动装置等。

6. 控制器

控制器又称为校正装置,是结构或参数易于调整的元件,用串联或反馈的方式连接在系统中,从而改善系统的性能。在控制系统中,由于控制器控制作用的动态特性与被控对象不相适应,其控制质量很差,甚至不能发挥控制作用,因此,实际系统中通常总要引入一些装置来改变控制器的动态性质,使其产生的控制作用既足够强、足够快,又能与被控对象的动态特性很好地配合,最好地发挥控制作用。这些引入的装置就是校正元件,它可以实现某种"控制规律",是控制系统中极为重要的部分。最简单的校正元件是由电阻、电容组成的无源或有源网络,复杂的校正元件可以含有控制计算机及控制软件。

7. 能源元件

能源元件的职能是为整个控制器及执行机构提供能源,如电源、液压源等。

8. 被控对象

被控对象是控制系统所要控制的对象。例如,电动机自动控制系统中,对象为电动机,也可能是与电机同轴连接的负载(工作台、机床、空间运动体姿态控制面等);船舶航向控制系统和船舶横摇减摇控制系统中的被控对象是船舶;汽车操纵控制系统中被控对象是汽车;宇宙飞船姿态控制系统中被控对象为宇宙飞船等。一般来说,被控对象的输出量即为控制系统的被控量,如电动机转速、船舶航向、横摇角、汽车速度、方向,以及飞机、导弹宇宙飞船的姿态等。

综上所述,一个典型的自动控制系统的基本组成可以用如图2-3所示的方框图表示。图中,信号从输入端沿箭头方向到达输出端的传输通路(或称通道)称为顺馈通路或前向通路;系统输出量经测量元件反馈到输入端的通路称为主反馈通路。顺馈通路和主反馈通路共同构成主回路(或称回环)。此外,还有局部反馈通路以及由它构成的内回路。只包含主反馈通路的系统称单回路系统或单回环系统,简称单环系统;有两个或两个以上反馈通路的系统称为多回路系统或多回环系统,简称多环系统。

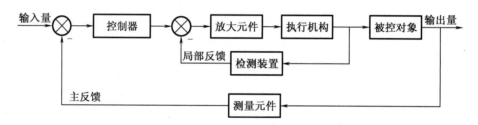

图 2-3　典型的自动控制系统基本组成方框图

2.2.2　典型控制系统

1. 电阻炉温度控制系统

用于工业生产中的电炉温度控制系统,具有精度高、功能强、经济性好、无噪声、显示醒目、操作简单、灵活性和适应性好等一系列优点。许多在建的工业过程控制系统,几乎都采用微型计算机实现了电炉温度的实时控制。图2-4所示为电阻炉微型计算机控制系统的原理图。图中,电阻丝通过固态继电器主电路加热,炉温的设定值用微型计算机键盘预先设置,炉内温度的实际值由铂电阻检测,并转换成电压信号,经放大器放大滤波后,再经模/数(A/D)转换器将模拟量电压信号变换为易被计算机接受的数字量信号送入计算机。在这里,计算机是控制器的核心,其具有比较、校正补偿等作用。在计算机中,经A/D转换后送入计算机的反映电炉实际温度的反馈电压数字量信号与预先设置的炉温的设定值进行比较后产生偏差信号,计算机根据预定的控制算法(即控制规律)计算出相应的控制量,该控制量是数字信号,需经数/模(D/A)转换器将其变换成模拟电压(或电流),控制固态继电器的通断时间,调节电阻丝通电时间的长短,达到控制电炉温度的目的。该电阻炉温度微机控制系统,具有比较精确的温度控制功能,还可以兼有实时温度显示以及超温、极值和电阻丝、铂电阻损坏报警等功能。

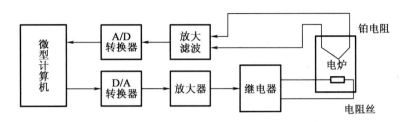

图 2 - 4　电阻炉温度微型计算机控制系统示意图

2. 液面控制系统

在化工与制药等行业中,有许多反应釜等被控对象,经常需要控制釜内液面的位置,存在各种不同的液面控制系统。图 2 - 5 为储槽液面自动控制系统,图中 V_1 和 V_2 分别是输入液流和输出液流的阀门,M 是电动机,K 是放大器。该液面自动控制系统,不论阀门 V_2 的开度多大,或通过 V_2 的输出液流如何变化,都能维持储槽内液面的高度在一定水平上,不超过允许的偏差值。该系统储槽内浮子的位置就是测量出来的液面的实际高度,它与电位器的滑动端相连,电位器的中点接地(电源的零电位)。当液面的实际高度恰好为某一希望高度 h 时,电位器的滑动端正处于中点位置,电位器没有输出电压,电动机不转。当储槽内液面的高度偏离希望高度 h 时,电位器的滑动端便会偏离中点,于是电位器便输出一个电压 u_e,u_e 经放大器 K 后作用于电动机 M 上,随着电动机 M 的旋转调节阀门 V_1 的开度,从而调节输入液流的流量,使储槽内液面的高度恢复到希望高度值 h 附近。反映液面高度的浮子也使电位器复原,滑动端移到中点,电压 $u_e = 0$,电动机 M 停止转动;储槽内液面高度维持在 h 值附近不超过允许误差的范围。液面自动控制系统的方框图如图 2 - 6 所示。

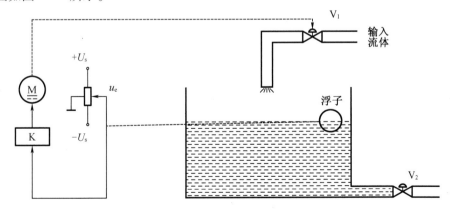

图 2 - 5　液面自动控制系统示意图

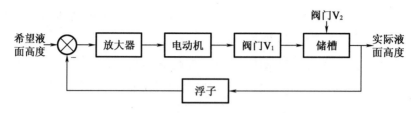

图 2 − 6　液面自动控制系统方框图

3. 船舶航向保持控制系统

船舶作为空间运动体,在海上航行时,具有 6 个自由度运动。如图 2 − 7 所示,有 3 个摇摆运动,3 个位移运动。沿 x 轴方向位移运动称为纵荡运动,沿 y 轴方向位移运动称为横荡运动,沿 z 轴方向位移运动称为垂荡运动;绕 x 轴旋转的运动称为横摇(φ),绕 y 轴旋转的运动称为纵摇(θ),绕 z 轴旋转的运动称为艏摇或航向(ψ)。

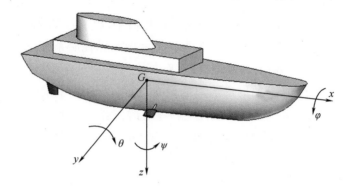

图 2 − 7　船舶 6 自由度运动示意图

在船舶控制工程中,船舶的航向控制是最基本的。不论何种船舶,为了完成各种任务必须进行航向控制。

船舶在航行过程中希望它既具有良好的航向保持能力又具有灵敏的机动性。最常用的航向控制装置就是舵控制系统。船舶航向控制一般通过操纵舵的运动来完成,其航向一般由罗经来测量。当船舶在海上航行时,在海风、海浪、海流干扰作用下,船舶的航向将偏离给定的航向。这时,由罗经测得的航向与指定航向比较后,产生一个航向偏差信号,送入航向控制器。航向控制器根据航向偏差计算出所需的转舵舵角指令信号,舵伺服系统在舵角指令信号的作用下把舵转到所需的角度,在舵上产生的水动力与船舶到艏摇中心的力臂一起产生一个校正航向的控制力矩,通过舵和船的一系列水动力作用,船开始改变航向。当船的航向与指令航向一致时,航向偏差为零,于是航向控制器输出零舵角指令信号,舵机使舵回到零位,船舶保持在指令航向上航行。因此,海浪、海风和海流等扰动使船舶航向偏离指令航向时,航向控制系统可使船舶回到指令航向上。船舶航向保持控制系统方框图如图 2 − 8 所示。设船舶航向指令为船舶航向保持控制系统的输入量,船舶实际航向角为系统输出量。

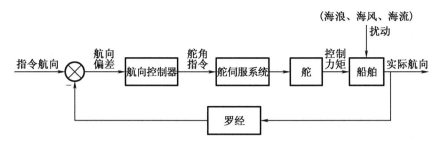

图 2 - 8　船舶航向控制系统方框图

4. 船舶横摇减摇鳍控制系统

船舶在海上航行时,在海浪、海风、海流等作用下,船舶将产生摇荡运动。其中横摇是较为严重的一种运动。过大的横摇将直接影响船上人员的舒适感和航行的安全性;对于军舰而言,将影响武备系统的命中率。为了减少船舶的横摇运动,就要寻求一种手段,能够产生抵消海浪对船的横摇干扰力矩的稳定力矩。船舶减摇鳍就是人类经过多年探索找到的一种有效减小船舶横摇的方法。船舶减摇鳍是一种主动式减摇装置,它是利用装在船的两舷侧的一对鳍(或两对鳍)的转动(差动)来产生与海浪等对船的横摇干扰力矩方向相反的稳定力矩,稳定力矩的大小和方向依赖于鳍的转角大小和方向(在鳍的形状和结构尺寸确定的条件下)及船与水流的速度,其示意图如图 2 - 9 所示。

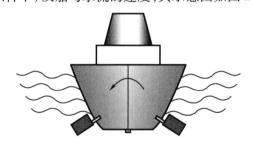

图 2 - 9　船舶横摇减摇鳍原理示意图

当船舶在海上航行时,期望的理想状态是船平稳航行,即横摇角为零,但在通常情况下是不可能的。船舶减摇鳍控制系统的原理是在海浪等干扰作用下,船将产生横摇运动(横摇的大小和频率与海情和浪向有关),通过测量元件(角速度陀螺,或角度陀螺,或其他测量元件)测得船的横摇信息,送入控制器计算后,给出鳍角指令信号,经鳍驱动伺服系统,将鳍转到期望的位置,产生一个抵消海浪等干扰的控制(扶正)力矩,从而将船的横摇运动稳定在很小的范围内。在这个系统中,给定输入是零(期望船的横摇运动是零),横摇角是系统的输出量。船舶横摇减摇鳍控制系统方框图如图 2 - 10 所示。

我国在 20 世纪 60 年代初开始研制船舶减摇鳍控制系统,目前,哈尔滨工程大学研制设计了数十种型号的减摇鳍控制系统,并已装备了数百艘军船、出口船、火车轮渡及其他船舶。

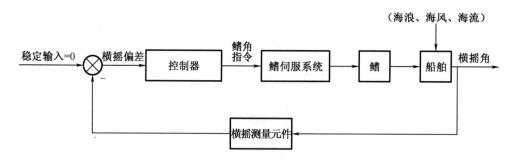

图2-10　船舶横摇减摇鳍控制系统方框图

5. 船载平台稳定控制系统

　　船舶在海上航行时,在风浪干扰下产生的纵摇、横摇、艏摇运动对船载设备(如舰载雷达、卫星天线、武器系统、导航设备等)的性能产生很大影响,为了保证船载设备性能不受船舶摇摆运动的影响,保持这些设备在地球坐标系中的角位置不变,就需要提供一个能隔离船舶摇摆运动的稳定平台。

　　现以船载平台纵摇稳定控制系统为例,说明其控制系统原理,如图2-11所示。船载平台纵摇稳定控制系统由平台机械组合体、减速器、力矩电机、功率放大装置和控制器、平台转角测量元件等构成。当船的纵摇角为θ_0时,由罗经测出θ_0经反向器后,将$-\theta_0$作为指令信号输入控制器,经计算后输入功率放大装置,驱动力矩电动机朝着$-\theta_0$方向转动,从而经减速器带动平台朝着$-\theta_0$方向转动,直到转到$-\theta_0$位置,这时偏差为零,电动机停止转动,平台稳定在相对船甲板而言$-\theta_0$的位置(此时相对地球坐标系而言,平台纵摇角为零),保持了平台在地球坐标系中的角位置不变。船载平台纵摇稳定控制(回路伺服)系统方框图如图2-12所示。

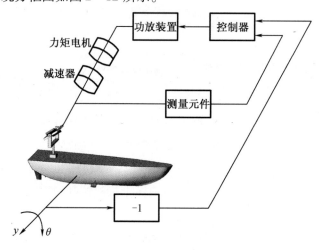

图2-11　船载平台纵摇稳定控制系统原理示意图

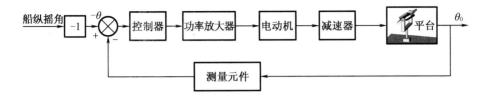

图 2 - 12　船载平台纵摇回路伺服系统方框图

6. 飞机自动驾驶仪控制系统

飞机自动驾驶仪是一种能保持或改变飞机飞行状态的自动装置。它可以稳定飞行的姿态、高度和航迹,也可以操纵飞机爬高、下滑和转弯。飞机与自动驾驶仪组成的自动控制系统称为飞机自动驾驶仪控制系统。

自动驾驶仪控制飞机飞行是通过控制飞机的 3 个操纵面(升降舵、方向舵、副翼)的偏转,改变操纵面的空气动力特性,以形成围绕飞机质心的旋转转矩,从而改变飞机的飞行姿态和轨迹。现以自动驾驶仪稳定飞机俯仰角为例,说明其工作原理。图 2 - 13 为飞机自动驾驶仪控制系统稳定俯仰角的原理示意图。图中,垂直陀螺仪作为测量元件用以测量飞机的俯仰角,当飞机以给定俯仰角水平飞行时,陀螺仪电位器没有电压输出;如果飞机受到扰动,使俯仰角向下偏离期望值,陀螺仪电位器输出与俯仰角偏差成正比的信号,经放大器放大后驱动舵机,一方面推动升降舵面向上偏转,产生使飞机抬头的转矩,以减小俯仰角偏差;同时还带动反馈电位器滑臂,输出与舵偏角成正比的电压并反馈到输入端。随着俯仰角偏差的减小,陀螺仪电位器输出信号越来越小,舵偏角也随之减小,直到俯仰角回到期望值,这时,舵面也恢复到原来的状态。

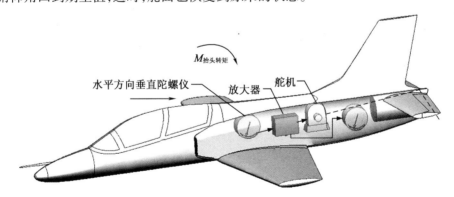

图 2 - 13　飞机自动驾驶仪控制系统原理示意图

图 2 - 14 为飞机自动驾驶仪稳定俯仰角控制系统方框图。图中,飞机是被控对象,俯仰角是被控量,放大器、舵机、垂直陀螺仪、反馈电位器等是控制装置,即自动驾驶仪。输入是给定的常值俯仰角,控制系统的任务就是在任何扰动(如阵风或气流冲击)作用下,始终保持飞机以给定俯仰角飞行。

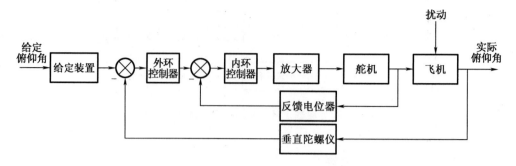

图 2 – 14　飞机俯仰角控制系统方框图

2.3　自动化科学技术领域的主要内容

　　自动化的概念起源于最早的自动控制,所以自动化科学技术领域的首要研究内容就是自动控制理论与技术。

　　一个控制系统一般是由传感器、控制器、执行器和被控对象组成。因此,对自动控制理论与技术的研究就是对控制系统组成部分的研究。

2.3.1　检测理论与技术

　　过程检测是实现生产过程自动化、改善工作环境、提高劳动生产率的一个必不可缺的重要环节。实施任何一种控制,首要问题是要准确及时地把被控参数检测出来,并变换为调节、控制装置可识别的方式,作为过程控制装置判断生产过程的依据。在我们研究的各类系统中,被检测的物理量大多是非电量,主要有温度、湿度、压力、流量、物位、成分、密度、力、应变、位移、速度、加速度、振幅等。而电量的测量是比较容易的,例如,电流、电压、电抗、功率、频率等。因此,非电量的检测构成了检测技术的基本内容。

　　为了获得准确的测量结果,检测系统应满足一定的特性要求。大多数场合,此特性常常需要检测系统输入 – 输出特性,包括静态特性和动态特性。

1. 静态特性

　　当检测系统进行测量时,若被测参数不随时间变化或随时间变化比较缓慢,可不必考虑系统输入量与输出量之间的动态关系(或称瞬态响应),而只需考虑输入量与输出量之间的静态关系。表示输入 – 输出静态特性的数学模型为代数方程,不含时间变量。静态特性一般包括精确度、灵敏度、分辨率、线性度、变差、重复性和再现性等。

　　(1)精确度

　　精确度是指检测装置给出接近于被测量真值的示值的能力。所谓示值,是指由测量装置提供的被测量的量值,包括记录仪表的记录值、测量装置的测量输出等。

（2）灵敏度

灵敏度是测量装置或系统静态特性的一个重要指标。灵敏度的定义是达到稳定后传感器输出增量与引起该增量相应的输入增量之比，或者说是单位输入下所得的输出量。

（3）分辨率

分辨率是指测量装置能够区分被测量最小变化量的能力。

（4）线性度

线性度是指测量系统的输出值与被测量间的实际曲线偏离理想直线型输入输出特性的程度，常用实测输入－输出特性曲线与理想输入－输出特性曲线（直线型）的最大偏差对量程之比的百分数表示。

（5）变差

变差表示在外界条件不变的情况下，一个测量装置的输入做增大与减小变化时，其输出特性（仪表的正向特性与反向特性）不一致的程度。

（6）重复性

重复性有别于变差，按同一方向做全量程变化是指测量装置在同一工作环境、被测对象参量不变条件下，输入量进行多次（三次以上）测量，其输入－输出特性不一致的程度。

（7）再现性

再现性是指测量装置对被测量进行测量之后，经过一段时间后再在原测量条件相同的情况下再次进行测量时，其输入－输出特性不一致的程度。

2. 动态特性

动态特性是指检测系统对随时间而变化的被测量所响应的性能。动态特性与静态特性的区别在于其输出量与输入量之间的关系并非一个定值，而是时间的函数，并随输入信号的频率不同而不同。检测仪表或系统在测量动态（或非稳态、非静态）参数时，除了存在静态误差（或稳态误差）外，还可能产生动态误差。动态误差是指测量系统中被测参数信息处于变动状态下仪表示值与被测参数实际值之间的差异。其产生原因是感测元件和测量系统中各种运动惯性及能量传递需要时间。衡量各种运动惯性的大小及能量传递的快慢，常用时间常数 T 和滞后时间 τ 表示。

随着计算机技术的发展，20 世纪 70 年代出现了以计算机为核心的自动检测系统，使检测系统在智能化方面迈进了一大步，也为虚拟检测系统的诞生奠定了基础。

所谓虚拟仪器是指具有虚拟仪器面板的个人计算机仪器。它由通用的个人计算机、模块化功能硬件和控制软件组成。操作人员通过友好的图形界面及图形化编程语言控制仪器的运行，完成对被测信号的采集、分析、判断、显示、存储及数据生成。在虚拟仪器系统中，硬件仅仅是为了解决信号输入输出，软件才是整个仪表的关键。操作者可以通过修改软件的方法，改变、增减仪器系统的功能与模块，所以有"软件就是仪器"的说法。

虚拟仪器的出现,彻底打破了传统仪器由厂家定义,用户无法改变的模式。虚拟仪器给用户一个充分发挥自己才能和想象力的空间。设计自己的仪器系统,满足多种多样的应用需要,所需要的只是一些必要的硬件、软件和个人计算机。

2.3.2　系统建模

为了设计一个优良的控制系统,必须充分地了解受控对象、执行机构及系统内一切元件的运动规律,即它们在一定的内外条件下所必然产生的相应运动。内外条件与运动之间存在的因果关系大部分可以用数学形式表示出来,这就是控制系统运动规律的数学描述,即所谓数学模型。模型可以用微分方程、积分方程、偏微分方程、差分方程和代数方程来描述,建立这些方程的过程称为系统建模。系统建模是自动化领域里的一个重要工作内容。

所谓的"黑箱法",是对一个系统加入不同的输入信号,观察其输出。根据所记录的输入、输出信号,用一个或几个数学表达式来表达这个系统的输入与输出关系。这种方法认为系统的动态特性必然表现在这些输入输出数据中,因此它根本不去描述系统内部的机理和功能,它只关心系统在什么样的输入下产生什么样的响应。这种方法建模必须通过现场试验来完成。

用试验法建立系统的数学模型,根据试验加到系统上的输入信号形式的不同,分为时域法、频域法和相关统计法。其中以时域法应用最为广泛,也是目前工程实践中应用最多的方法。其主要内容是给系统人为地加入一个输入信号,记录下响应曲线,然后根据该曲线求取对象的传递函数。作用到对象的输入信号一般有阶跃扰动和矩形脉冲扰动。由阶跃作用下的对象动态特性为阶跃响应曲线,即飞升曲线。阶跃响应曲线能比较直观地反映对象的动态特性,特征参数直接取自记录曲线而无须经过中间转换,试验方法也很简单。由脉冲作用下的对象动态特性曲线叫作脉冲响应曲线。

所谓频域法是在系统的输入端加一系列不同幅值、频率的正弦信号,记录其输出,该输出是时域响应,再根据这些实验数据推算出它的频率响应特性。利用 Bode 图求出系统的传递函数。由于不能直接测量系统的频率响应,必须通过计算得到,而且求取传递函数时也必须近似求得,因此频率响应法比较繁杂。

阶跃响应法、脉冲响应法和频率响应法原则上只在高信噪比的情形下才是有效的,这是上述辨识方法的致命缺点。然而在工程实践中,所获得的数据总是含有噪声的。相关分析法正是解决这类辨识问题的有效方法。

相关分析法的理论基础是,当系统存在随机干扰时,在系统输入端加入一个任意的激励信号,测取系统的实际输入和输出,计算出它们之间的互相关函数,通过互相关函数求得系统的脉冲响应。

用"白箱"法求一个系统的数学模型,需要知道系统本身的许多细节,诸如这个系统由几部分组成,它们之间怎样连接,它们相互之间怎样影响。这种方法不注重对系统的过去行为的观察,只注重系统结构和过程的描述。只有对系统的机理有了详细的了解,才可能得到描述该系统的数学模型,这就是所谓的机理建模。对于一般的工业系统来说,所用的"白箱"法是根据能量守恒、质量守恒和动量守恒的原理建模的。

"黑箱"法和"白箱"法都有自身的缺点,有时为了验证模型的正确性,把这两种方法相结合,互为验证,互为补充,提高模型的精度。我们把这种方法称为"灰箱"法。

例如,当通过机理分析出系统的数学模型结构时,就可以把系统辨识的问题简化成参数辨识的问题,再把参数辨识的问题转化成参数优化的问题。此时,可以应用各种智能算法优化出所要辨识的参数。

2.3.3　控制策略设计

控制策略的研究是自动控制理论研究的主要内容。控制系统的控制策略就是当受控对象的动态模型已知时,按预定的动态或静态品质指标要求,求出控制装置(控制器)的运算形式或控制规律。

设计一个自动控制系统控制策略一般要经过以下步骤:根据任务要求,选定控制对象;根据性能指标的要求和系统固有部分的数学模型,确定系统的控制规律,并设计出承载这个控制规律的控制器。随着科学技术的发展,控制器大多由计算机来替代,因此,现在的校正元件并不一定是物理器件,它很可能是计算机的软件程序。把控制对象叫作原系统(或系统的不可变部分),把加入了校正装置的系统叫作校正系统。为了使原系统的性能指标得到改善,按照一定的方式接入校正装置和选择校正元件参数的过程称为控制系统设计中的校正与综合。

在控制工程实践中,PID 控制律是历史最久、生命力最强的基本控制方式。由于 PID 具有原理简单、使用方便、适应性强、鲁棒性好等特点,虽然科学技术的迅猛发展,特别是计算机的诞生和发展,使许多新的控制策略涌现出来,然而直到现在,PID 控制律由于它自身的这些优点仍然是最广泛应用的基本控制方式。因此,控制系统的校正一般是在 PID 控制律基础上,根据特定的性能指标来确定校正方法。

随着计算机的诞生和发展,涌现出一批新型的控制策略,这些控制策略结构复杂,不借助于计算机根本无法实现。这些控制策略有些已经成为自动控制理论的重要分支。例如,自适应控制、预测控制、智能控制、鲁棒控制、最优控制等。当使用这些控制策略对系统进行控制时,所面临的设计和校正的任务就是根据希望的系统性能指标,研究、设计这些控制策略的结构和参数。

有很多受控对象的运动规律,不能用常微分方程来描述。例如,大型加热炉、水轮机和汽轮机,物理学中的电磁场、流场、等离子体约束、温度场,以及化学中的扩散过程等。这些物理量的变化规律,必须用偏微分方程才能准确地加以描述。而且在工程技术上,常常要求对这些物理量加以控制,使其变化规律满足技术上的要求。我们把这种系统称为分布参数控制系统。

分布参数系统比集中参数系统的分析要复杂得多。现在对分布参数系统的研究广泛应用偏微分方程和泛函分析的理论成果,形成了分布参数系统的基础理论。虽然分布参数系统的镇定问题、最优控制问题、能控性和能观性问题,以及分布参数系统的辨识和滤波问题等,都取得了类似于集中参数系统的结果。但实际上,由于分布参数系统描述物理现象的复杂性,它具有无穷多个自由度,这决定了解决分布参数系统控制问题的固有困难。因此,至今用分布参数系统理论来解决实际问题的情况还不多。而且分布参数控制理论本身也还不成熟,有待深入研究。

2.3.4　控制系统的实现技术

控制系统的实现技术就是将一个控制系统的设计结果在物化实现过程中的技术。

一个控制系统的设计与实现一般需经过以下四个步骤。

1. 系统技术方案设计

根据系统要完成的功能和性能指标,确定系统的构成方案,明确系统的组成单元和构成形式,包括传动机构、检测单元、控制单元、系统输入量、系统输出量、闭环反馈形式等。

2. 系统建模

对系统的固有部分(对象、传动机构、反馈通道、外界干扰等)进行数学模型建模,并转化为适于控制策略设计的数学模型。

3. 系统控制策略设计

根据系统数学模型和性能指标,给出系统控制策略(规律)。

4. 系统实现

将构成系统的各个单元进行机械加工装配、连接与集成,进行系统调试、仿真与试验。

控制系统的实现技术就是上述四个步骤中涉及的相关技术,它包括系统元器件选型与应用、仪器仪表、传感器技术、电力电子技术、电机控制与传动技术、液压传动技术、机械设计及加工装配技术、计算机技术、信号处理技术等。

2.3.5　系统仿真试验技术

建模和仿真是人类处理实际问题的一种有效工具,它和人类历史同时存在。人们总是用"直觉模型"去更好地了解实际,去做计划、去考虑各种可能性,去与其他人交换思想。

甚至几千年前,人们造船和机械设备时,也是先用一个小的船或机械设备的模型进行试验。儿童的玩具总是离不开真实世界的仿真,这些玩具通常是人、动物、物体和交通工具的模型。这里所说的船、机械设备、儿童玩具的模型,即所谓物理模型。物理模型是与被仿真对象几何相似的实物。

利用物理模型进行仿真,叫作物理仿真。物理仿真的理论基础是相似理论,其必要条件是几何相似。而且对于动态过程来说,还要满足各有关的相似准则条件。

利用数学模型进行仿真,叫作数学仿真。数学仿真实质上就是对该数学模型求解。如果用数字计算机来求解,就称为数字仿真或数字计算机仿真。

建立数学模型相对比较容易,造价低,开发周期相对较短,对于模型的修改有很强的适应能力,所以,数学仿真应用比较广泛,数学仿真的有效性主要取决于仿真模型建立的准确性。

对于控制系统而言,其仿真就是求解控制系统数学模型的过程。仿真的主要任务包含以下方面:其一是根据系统的特点和仿真的要求选择合适的算法,采用该算法建立仿真模型时,其计算的稳定性、计算精度、计算速度应能满足仿真的要求;其二是选择合适的程序语言设计仿真程序;其三是要对仿真结果进行验证,只有当仿真设计者认可了仿真的必要条件,以及认为决定这些条件所进行的试验和验证工作满足要求以后,仿真工作人员才可以认可该仿真程序;最后通过适当的形式将仿真结果输出给用户或对仿真结果进行分析。输出分析在仿真活动中占有十分重要的地位,它有时决定着仿真的有效性和对模型可信性的检验。

仿真技术作为一门独立的学科已经有 50 多年的发展历史,它不仅用于航天、航空、航海各种武器系统的研制部门,而且已经广泛应用于电力、交通运输、通信、化工、核能等各个领域。特别是近 20 年来,随着系统工程与科学的发展,仿真技术已从传统的工程领域扩展到非工程领域,因而在社会经济、环境生态系统、能源系统、生物医学系统、教育训练系统等方面也得到了极其广泛的应用。

2.3.6　信息管理系统技术

今天,计算机控制已经在自动化领域得到了广泛应用。与此同时,人们对计算机在信息与管理方面的应用也提出了更高的要求。信息与管理已经成为自动化科学技术领域的主要内容。

信息管理系统 IMS(Information Management System)是在 20 世纪 80 年代发展起来的。IMS 采用关系型数据库,主要为一个企业或系统的运营、生产和行政管理工作服务,完成设备和维修管理、生产经营管理、财务管理、办公自动化等。它是计算机技术和自动化技术共同发展的产物。

信息管理系统同其他任何学科一样,都有一个不断发展和不断完善的过程,它的概念逐步充实和完善。对于 IMS 的概念,不同的理解角度会产生不同的定义。我们根据应用经验认为,管理信息系统是能够提供过去、现在和将来预期信息的一种有条件的管理方法,是一个覆盖全企业或系统的人－机(计算机)系统,有别于其他的计算机系统。

1. 信息管理系统的特点

一般来讲,信息管理系统有以下的五个特点:

(1)信息管理系统是面向管理决策的;

(2)信息管理系统是综合性的系统;

(3)信息管理系统是人机合一的系统;

(4)信息管理系统是现代管理方法和手段相结合的系统;

(5)信息管理系统是学科交叉的边缘科学。

2. 信息管理系统的结构

一个信息管理系统是由各组成部件组合而成的,构成部件的组合方式就是信息管理系统的结构。对于部件理解的着眼点不同,就会有不同的结构方式。一般来说,最主要的结构有概念结构、功能结构和软件结构。

(1)信息系统的概念结构

从概念上看,管理信息系统由四大部件组成,即信息源、信息处理器、信息用户和信息管理者。信息源是信息产生的源泉,信息处理器担负着信息的传输、加工、存储等任务。信息用户是信息的使用者,它应用信息进行决策。信息管理者负责信息系统的设计与实现,在实现之后,它还应该负责信息系统的运行和协调。

(2)信息系统的功能结构

如果从使用者的角度看,管理信息系统总是有一个目标,有多种功能,并且各种功能之间又有各种信息联系,这些相互的联系构成一个有机结合的整体,形成一个功能结构。

(3)信息系统的软件结构

由支持信息管理系统各种功能的软件系统或软件模块所组成的系统结构是管理信息系统的软件结构。

在信息管理系统中主要涉及数据处理技术、数据库技术以及计算机网络技术。

2.3.7　大(巨)系统的集成技术

随着计算机及其网络技术在自动化领域的应用,工业生产过程中对于生产设备的控制已经非常成熟,生产过程自动化已经达到相当高的水平。与此同时,MIS 和 ERP 的出现,实现了企业人、财、物的科学化管理,提高了管理的效率,这些系统为工业、企业带来了较大的经济效益,标志着工业生产过程的管理也进入了信息化。

实现数字化工厂的过程,就是把负责生产过程自动化的自动控制系统与负责管理自动化的管理信息化系统有机地集成为一体,实现管理和控制的一体化,这就是自动化系统的集成。

1. 信息集成

系统在设计、建造、运行与管理过程中,存在着大量的"自动化孤岛"。如何将这些自动化信息正确地、高效地进行共享和交换,这是改善企业技术和管理水平必须要解决的问题,即所谓的信息集成。在系统的运行与管理过程中,控制任务通常由 DCS、FCS 和 PLC 等基于网络的计算机控制系统完成,管理任务由 MIS 和 SIS 的信息网完成。但是,在系统的设计与建造过程中的自动化信息并没有和运行与管理过程中的自动化信息交换与共享,它们之间还有巨大的鸿沟。要想使它们能进行有效的联系,就必须在系统设计和建造工程中建立起管理信息库。

现在计算机技术已经成功地应用在系统设计、工程制图中,形成了计算机辅助设计 CAD (Computer Aided Design)技术。在辅助设计中所产生的系统结构数据、系统参数、图纸等数字信息都应该是设计管理信息库里的内容。通过互联网,把这些内容传给系统建造部门和运行管理部门。系统建造部门根据这些信息对系统进行施工建设并对其质量进行测试和检验,把在建造过程中所产生的数据信息存入建造管理信息库并传给运行管理部门。

上述这一系列过程,就是计算机集成制造 CIM (Computer Integrated Manufacturing)过程。CIM 这一概念是由约瑟夫·哈灵顿(J. Harrington)在 1973 年提出来的,美国开始重视并大规模实施是在 1984 年。哈灵顿认为企业生产的组织和管理应该强调两个观点:企业的各种生产经营活动是不可分割的,需要统一考虑;整个生产制造过程实质上是信息的采集、传递和加工处理的过程。按照这样的理论,用信息技术和系统集成的方法构成的具体实现便是计算机集成制造系统 CIMS (Computer Integrated Manufacturing Systems)。

对于 CIM 和 CIMS,现在还没有一个公认的定义。实际上它的内涵是不断发展的,不同行业的人对它有不同的理解。但无论怎样,信息集成贯穿于计算机集成制造的整个过程。

2. 设备集成

一个自动化系统总是由软件和硬件组成。前面谈到的信息集成实际上是软件的集成,下面所讨论的设备(产品)集成是指硬件集成。一个自动化系统总是由大量的硬件设备组成,这些硬件设备一般不是由一个生产厂家生产的。那么,必须由一些集成厂商集成多家设备与产品,构成自动化系统所需要的设备。在现代社会,这项工作已成为非常重要的工作。现代企业为了提高自身的市场竞争力,已不走“小而全”“大而全”的道路。现在,面对全球经济和全球生产的新形势,充分利用全球的生产能力,组织全球企业针对某一种特定产品建立企业间的动态联盟,这些联盟的企业可能共同生产一个产品。对于集成厂商来说,企业应该是“两头大、中间小”。“两头大”,即强大的新产品设计与开发能力和强大的市场开拓能力;“中间小”指加工制造的设备能力可以小,多数零部件可以靠协作解决。这样企业可以在全球采购价格最便宜、质量最好的零部件。

这种生产方式是并行生产方式,它可以充分发挥各生产厂家的优势,加快新产品开发速度,提高产品的质量和技术含量,还可以降低产品的成本。

今天,这种生产模式不仅用于生产自动化系统所需要的设备,也用于制造业生产各种产品。

显然,设备的集成就是把各企业生产的设备集成在一起,形成一个完整功能的设备,其实质就是企业间的集成。因此,我们也把设备集成称为企业集成。

设备集成所要解决的关键问题如下:

(1)设备生产企业的资源配置与优化;

(2)搭建怎样的网络平台(Internet/Intranet/Extranet)。

总之,大(巨)系统集成已成为当今自动化科学技术领域的一个主要发展趋势和研究内容,物联网本质上就是一个巨系统集成技术。

2.4　自动化科学的技术特点

2.4.1　自动化科学技术的定位

自动化科学定位为一门技术科学、一门应用基础科学。自动化科学研究的基本任务是为自动化技术(包括设计、制造、控制和管理计算机集成制造系统 CIMS、计算机集成过程控制系统 CIPS 等先进自动化系统)和控制工程(包括控制航天器这样的设备)提供科学理论基础,它致力于带有一定普遍性或共性的新的控制原理和新的系统方法的研究,使其在实际控制工程和自动化技术中发挥创新的作用。

今天,虽然自动化科学技术已被应用于生物、经济、社会、环境等许多领域,但为各种自动化机器、自动化设备、自动化系统与自动化工程提供科学原理与方法仍是自动化科学技术研究的基本任务。

作为一门工程应用技术,自动化技术的作用是在自动化科学与自动化应用之间架起桥梁。一方面将自动化科学原理与方法转换为工程实用技术,使之应用于工程实践,将自动化科学的研究成果迅速转化为生产力;另一方面将工程实践中遇到的技术问题提炼、抽象成为科学问题,为自动化科学研究提供新的研究对象。

从信息、能量与物质的角度,形象地说,自动化科学研究的是物质世界的信息运动规律和信息的有效处理方法,自动化技术研究的是如何应用有效的信息处理方法来促进能量与物质(如能源、材料和环境资源、人力资源等)的有效利用,从而为现代社会发展提供物质的保证。

2.4.2　自动化科学的特点

从自动化科学100年来的发展和其在现代社会科学技术体系结构中的位置可看出,自动化科学的基础理论源泉是物理学、数学、系统科学和社会科学等,其中系统科学和社会科学对自动化科学的发展所做的贡献有它的必然性。

最初,控制理论主要应用于控制被控系统的物理特性,比如一栋建筑的热学特性,一架飞机的飞行力学特性;随后,需要控制的大型系统和网络的规模及复杂程度已大大超出了控制的传统应用范围,研究的重点也从系统的物理特性转变为系统的复杂性。与此同时,工程控制论的概念、原理与方法被用于社会、经济、人口、环境等复杂系统的分析与控制,并形成了社会控制论、经济控制论、人口控制论等学科分支。而要真正解决这些复杂的社会、经济、人口、环境等问题,不仅需要采用系统科学的方法,还需要遵循社会科学的原理。实际上,随着自动化科学技术能处理的系统规模和复杂程度的不断提高,人与自动化系统的交互机会也越来越多、越来越复杂(在计算机集成制造系统 CIMS 的实施过程中发现,70% 的难点来自人以及旧的管理系统)。同时,科学家与工程师们也逐渐认识到,无人的自动化系统并不是最理想的系统,人与自动化系统的有机组合才能发挥最佳的作用,使社会科学对自动化科学发展的影响逐渐凸显出来,并做出贡献。

1. 自动化科学的特点

通过以上分析,可以得出自动化科学的如下 4 个特点。

(1)自动化科学的数学属性——严密的理论特征

一方面是因为自动化科学是具有最坚实数学基础的技术科学之一;另一方面是由于从事控制与系统科学研究并做出主要贡献的大多是(应用)数学家,这在欧美国家中尤为突出。

(2)自动化科学的对象特性——鲜明的改造世界的特征

一方面自动化科学提出的问题都有明确的背景,来自实际需求;另一方面,自动化科学研究的目的是改造世界。

(3)自动化科学的系统与社会属性——系统的复杂性特征

自动化科学研究解决的对象(机器、设备、系统、过程,乃至生物)越来越复杂、越来越接近于系统科学与社会科学处理的对象,同时人在系统中的作用已不容忽视。

(4)自动化科学的渗透与扩散特性——普遍使用特征

自动化科学研究的是带有一定普遍性或共性的对象,目的又是改造世界,因而自动化科学的原理与方法有很强的渗透与扩散特性。正如美国促进协会在《面向全体美国人的科学》一书中指出的那样:"所有技术都包括控制。"这深刻揭示了自动化科学的普遍适用特征。

从自动化科学的前三个特点可看出,从事自动化科学研究的人,既要有理论,又要懂对象,更要有系统的观念,三者缺一不可。而自动化科学的第四个特点指出,把自动化科学中的基本原理与方法应用到其他科学、技术与工程领域中去,是从事自动化科学研究人员义不容辞的职责。

2. 自动化科学的方法

此外,在自动化科学的产生与发展过程中,出现了许多重要的科学方法与科学思想,不仅对自动化科学与技术的发展起到了极其重要的推动作用,使自动化学科成为最具方法论性质的学科之一,也对其他技术学科以及自然科学、管理科学乃至哲学的发展做出了贡献。

自动化科学具有方法论性质,具体表现如下。

(1)反馈方法

利用偏差进行控制的方法。

(2)黑箱方法

考查系统的输入、输出特性来从整体上把握系统的方法。

(3)功能模拟方法

不考虑系统的具体形态(可以是机器、动物和人),只考虑不同系统在行为功能上的等效性与相似性。

(4)系统方法

从系统的观点出发,在系统与其组成部分以及系统与环境的相互关系、相互作用中,综合考查对象,以达到处理问题的最优方法。

2.4.3　自动化技术的特点

自动化技术的发展历史要比自动化科学更长。当自动化科学还远未成熟之前,由于实际应用的需要,在物理学、数学等理论支持下,自动化技术已得到不断发展并在许多领域得到应用,典型的例子就是1926年美国就已建成汽车底盘自动生产线。但其获得快速发展和广泛应用是在自动化科学基本成熟和计算机与通信技术普及应用之后。

在自动化技术的发展过程中,除了自动化科学起了重要作用以外,其他许多技术学科也起了重要作用,其中突出的有:信息学,机械工程学,电机工程学,航空、航天和航海工程,化工学和运筹学等。自动化技术逐步发展成为一门系统集成技术,包括设计自动化、制造自动化、管理自动化、决策自动化、运行自动化等,成为一门多学科交叉的高技术,是当代高技术的集中体现与应用。

1. 应用自动化技术的领域

在过去的40年中,随着模拟电子技术和数字电子技术的出现,自动化技术逐步扩大并广泛应用于众多领域。

(1)应用于航空、航天与航海的制导和控制系统

如飞机、导弹、运载火箭和人造卫星、船舶等。在系统本身和外部环境都存在不确定性的条件下,这些控制系统保证飞行器稳定飞行及船舶稳定航行。

(2)应用于汽车及集成电路的各种制造业

不但由计算机控制的机器能够精确地定位、加工、制造和装配,而且涵盖了从市场预测、计划制订、产品设计,直到每一个具体设备控制的各个过程,从而满足了零件和成品优质高产的需求。

（3）应用于化工、医药等连续工业过程控制系统

这些系统通过对成千上万的传感信号的监测和对数以百计的调节阀、加热器、泵和其他执行器进行相应的控制实现高效优质生产。

（4）应用于通信系统、电话和电报系统、互联网等

这些控制系统通过调整变送器和转发器的功率，管理网络路由器的缓冲器组，进行噪声自适应的消除，从而提供高质量的通信服务。

另外，其也广泛应用于信息决策系统中，通过需求预测来动态分配有限资源。

2. 自动化技术的特点

作为一门工程应用技术，自动化技术有以下 3 大特点。

（1）自动化技术的桥梁作用

从科学、技术、工程的角度，作为一门工程应用技术，自动化技术的作用，一方面是将自动化科学原理与方法转换为工程应用技术，另一方面将工程实际中遇到的技术问题提炼、抽象成为科学问题，为自动化科学提供新的研究对象；从信息与能量、物质的角度，自动化技术的作用是如何有效地利用信息来促进能量与物质（如能源、材料和环境资源、人力资源等）的有效利用，从而为社会发展提供物质的保证，即自动化技术是信息与能量、物质之间的桥梁。从这一意义上人们常说"自动化技术是工业化与信息化之间的桥梁"。

（2）自动化技术的倍增作用

自动化技术是一项使能技术、一种"催化剂""发动机""倍增器"，一项单独存在无法凸显其价值，而一旦应用于具体对象（一台设备、一个系统或一项工程），将使对象发生质的变化（如稳定可靠地运行、大大提高效率、大大降低能耗成本等）的重要工程应用技术。将自动化技术应用于具体对象，如设备、系统或工程，使其成为自动化设备、自动化系统或自动化工程。

（3）自动化技术的系统集成作用

基于自动化技术"控制"与"系统"的理念，人类能有效控制的对象越来越多，规模也越来越大。通过"综合"与"集成"，大型复杂系统、过程或工程逐步能被人类有效地控制与管理。随着系统、过程或工程的规模越来越大、越来越复杂，自动化技术的系统集成作用将越来越凸显。

2.4.4　自动化科学技术与信息科学技术的关系

信息科学与信息技术的定义至今未有统一的定论。按目前比较流行的说法，信息科学的理论基础是香农的《通信的数学理论》、维纳的《控制论》、贝塔朗菲的《关于一般系统论》。当前，科技界较普遍认为，信息技术由四大部分组成，即信息获取、信息传输、信息处理与信息应用。这四部分实际上组成了一个完整的信息链，如图 2-15 所示。

我们知道，一个基本的自动化设备至少包含信息获取、处理与应用 3 部分（图

2-16），而一个应用计算机网络或通信网络的自动化系统包含信息获取、传输、处理与应用的全部。这就是说，自动化技术涉及信息技术的全部。

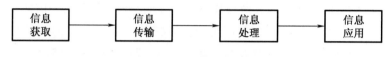

图2-15　信息技术的信息链

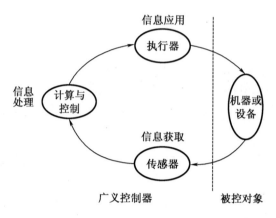

图2-16　自动化设备基本组成

虽然自动化技术涉及全部信息技术，但自动化技术的重点是在信息的控制应用上，信息的获取、传输与处理是为了满足信息的控制需要。自动化技术的作用就是如何有效地利用信息来促进能量与物质的有效利用，从而为社会的发展提供物质保证。

1948年，控制论的创始人维纳在他的著名的《控制论》中首先指出："信息是信息，不是物质，也不是能量"，首次将信息上升到与物质、能量同等重要的地位，成为当今公认的科学历史上3个最重要的基本概念。后来，维纳又进一步指出："信息是人们适应外部世界并且使这种适应反作用于外部世界的过程中，同外部世界进行互相交换内容的名称。"同年即1948年，香农在他的《通信的数学理论》一书中将信息定义为"事物运动状态或存在形式的不确定性描述"。

信息科学与技术的崛起，标志着科学技术发展史上一次伟大的革命。传统的科学技术一直是以物质与能量为中心，没有信息的观念，这是科学不成熟的表现。信息与物质、能量三足鼎立，就形成了构造世界的完整结构，也标志着科学技术开始进入了它的成熟期。正像人一样，不但有了强健的躯体、充满活力，而且有了知识与智慧。这样，人类就彻底脱离了进化的初级状态，真正成了万物之灵。从这个意义上讲，信息科学与技术引起的这场革命，将是人类历史上最深刻、最重要的革命，它将彻底地、不可逆转地改变科学技术的面貌，因而也将改变整个社会的面貌。短短50多年来，信息科学与技术的发展充分展示了这一点，信息产业、信息化、信息经济、信息时代、信息社会成了20世纪90年代至今的时代最强音。

当前国际上(特别是西方国家)比较流行的一种观点是信息技术是通信技术、计算机技术和(自动化)控制技术合起来的所谓的 3C 技术(Communication,Computer,Control)。

这种"信息技术就是 3C 技术"的定义虽能较好地反映信息技术的主体及信息技术的发展史,但从技术本质的意义上来看,将信息技术的主干技术划分为信息获取技术、信息传输技术、信息处理技术与信息应用技术四部分更合适。

我们知道,技术是人类在认识和改造自然的实践中为了增强自己的力量,赢得更多更好的生存发展机会而产生和发展起来的。一种技术,尤其是功能性技术总是在某种程度上直接或间接地扩展了人的某种器官的某种功能。因此,从技术本质的意义上来看,信息技术是能够扩展人的信息器官功能的一类技术。根据人的信息器官的划分,信息技术可分为信息获取技术(对应人的感觉器官)、信息传输技术(对应人的传导神经网络)、信息处理技术(对应人的思维器官,包括记忆、联想、分析、推理、决策等)与信息应用技术(对应人的效应器官,包括操作器官——手、行走器官——脚和语言器官——口等)四部分。

一个较复杂的自动化设备包含了信息获取、信息传输、信息处理与信息应用,即自动化技术涉及信息技术的全部。从一种技术能扩展人的某种器官功能的角度看,这是不难理解的。如人用手抓东西这一简单的动作(更不用说人完成魔术表演这样高难度的动作),就得运用人的感觉器官、传导神经网络、思维器官和效应器官(操作器官),对应着信息获取、传输、处理与应用的全部。

自动化技术与信息技术有如此密切的关系,实际上一点也不奇怪。自动化科学与信息科学可以说是同根、同源。我们知道,信息科学的基础是信息论、控制论、系统论,而自动化科学的基础恰恰也是控制论、系统论与信息论,它们之间的差别仅仅是排列顺序与重要性。我国国家自然科学基金委从国家基础科学与应用基础科学研究的角度将自动化科学划归信息科学部。

自动化科学与信息科学的同根、同源现象绝不是偶然的。实际上,系统论、控制论、信息论、相关的决策与博弈论,以及计算机算法和体系结构等作为一个学科群的基础理论均是在 20 世纪 40 年代由同一批科学家提出和形成的,只是这些科学家研究的侧重点有所不同。首先指出信息与物质、能量同等重要的人正是控制论的创始人维纳。而控制科学的另一奠基人,我国著名科学家钱学森在他的《工程控制论》序言中写道:"这门新学科的一个非常突出的特点就是完全不考虑能量、热量和效率等因素,可是在其他各门自然科学中这些因素是非常重要的",明确地指出了控制论研究的是信息。而索波列夫在《控制论的若干基本特征》中进一步指出:"控制原理的实质在于,巨大质量的运动与行动、巨大能量的传送与转变,可通过携带信息的不大的质量与不大的能量来指挥和控制。因此,研究信息的传递和转换规律的信息论,是研究自动机器与生物体中控制与通信的共同原理——控制论的基础。"

自动化科学与信息科学的同根、同源,自动化技术涉及信息技术的全部,并不隐含着自动化技术对信息技术的替代性,丝毫没有贬低计算机技术与通信技术在信息技术中的重要作用。通信技术的重点是在信息传输上,计算机技术的重点是在信息处理上,而自动化技术的重点是在信息的控制应用上。这分别是它们各自的"个性",而"共性"则都是"处理"信息。自动化要完成对信息的控制应用,离不开信息的获取、传输与处理。自动化技术发展到今天这样的辉煌,离不开计算机技术与通信技术的真正原因就在于此。

自动化技术的作用是如何有效地利用信息来促进能量与物质的有效利用。人类从必然王国走向自由王国中最重要的就是改造自然、改造世界,而这一切,都必须也只能通过信息的控制应用才能实现。

自动化技术的另一重要作用是系统集成作用。为了实现信息的控制应用,达到改造客观世界的目的,自动化技术要综合运用信息获取、信息传输和信息处理等技术,并考虑人的因素、环境的因素的相互作用与影响。尤其对一个大型复杂系统或过程(如交通运输系统、通信系统、电力系统等)的控制来说,其复杂性、难度是可想而知的,因而系统集成作用的重要性也是不言而喻的。从这一意义上讲,自动化技术的重点是在信息的控制应用和系统集成上。因此,信息、控制与系统是自动化科学与技术的核心概念。

总之,信息科学技术在整个科学与技术体系中的重要地位与作用已经凸显,它对科学技术、社会经济等发展的重要性已经凸显;与此同时,自动化科学与技术在科学技术中的重要地位与作用也已经凸显,自动化技术涉及信息技术的全部,重点是在信息的控制应用和系统集成上。自动化技术需要以系统的观点综合运用信息技术的各部分,并充分考虑人、环境、对象与工具的相互作用产生的复杂性,自动化技术的作用是如何有效地利用信息来促进能量与物质的有效利用,自动化技术是信息与能量、物质之间的桥梁。

第3章 自动化专业

3.1 自动化专业的发展历史

我国的自动化专业是在 1998 年教育部颁布的"工科本科专业目录"中确定的。目前,我国有 200 多所高等院校开设了自动化专业。

在我国自动化专业的发展历史中,有两条发展主线,分别是"工业自动化"专业与"自动控制"专业,其中"工业自动化"专业最早源于"工业企业电气化"专业。

20 世纪 50 年代,中华人民共和国成立之初,百废待兴,我国学习苏联组建高等教育体制,细分专业。于是,分别对应着国家工业建设中的自动化与国防、军事建设中的自动控制,先后建立了"工业企业电气化"专业与"自动控制"专业,当时在不少学校,"自动控制"专业是保密专业。工业自动化经过多次专业名称的演变,逐步发展成为偏重应用、偏重强电的自动化专业;而后者保持专业名称"自动控制"不变,逐渐发展成为偏重理论、偏重弱电的自动化专业,并于 1998 年合并为统一的"自动化"专业。1998 年,教育部公布新的"自动化"专业,不仅包括原来的"工业自动化"专业与"自动控制"专业,还增加了"生产过程自动化"专业、"液压传动与控制"专业(部分)、"电气技术"专业(部分)与"飞行器制造与控制"专业(部分)。2012 年,教育部公布的最新高等学校本科专业目录中,自动化专业成为独立的"自动化类"专业,该专业要求更偏重控制、计算机及电类基础知识。

下面以"工业自动化"专业这条发展主线为例,详细回顾其发展过程中的多次专业名称的改变及其与当时我国工业建设的密切关系,一方面作为自动化专业发展历史的回顾与介绍,另一方面分析、总结我国自动化专业的特点与特色。

国际上通行的专业划分大体上是在 19 世纪下半叶到 20 世纪上半叶制定的,就工科来说,基本上是以行业(产品)为对象来划分,被人们形象地称为"行业性的专业"或"行业公会"。目前国际上两大教育体制中,以英美为代表的教育体制虽未摆脱"行业性的专业"体系,但一直走的是"通才"教育之路。而以苏联(欧洲接近苏联)为代表的教育体制,一开始实行的就是"专才"教育,专业分得很细,虽经改革,但到目前为止,"行业性的专业"特征仍极为明显。

前文提到,20 世纪 50 年代,我国主要学习苏联的高等教育体制,一切学苏联,专业分得很细。自 1978 年改革开放以来,逐步向英、美为代表的教育体制靠拢,逐渐淡化行业,推行"通才"教育,通过多次的专业调整与合并,虽未摆脱"行业性的专业"的"美名",但高等学校的许多系中常常只有一个专业,而不是过去的多个专业。

我国的自动化专业最早源于1952年全国高校大调整时第一批设立的专业——"工业企业电气化"专业。当时,苏联援助我国兴建156个大型工业企业,急需电气自动化方面的技术人才,而培养这类专业技术人才,很符合当时以及随后我国工业建设的需要。到了20世纪60年代,专业名称改为"工业电气化及自动化",70年代恢复招生时又改为"工业电气自动化"专业。这不只是专业名称上的一种变化,而是有其深刻内涵的,反映了我国工业从电气化一步一步向自动化迈进的那段真实的历史与发展趋势,反映了我国自动化专业如何面向国家需求,为国家经济建设服务的那段真实的历史与发展方向。

1993年,历经4年的全国第三次本科专业目录修订工作结束后,国家教委(教育部)颁布了称之为"体系完整、比较科学合理、统一规范"的"普通高等学校本科专业目录"。"工业电气自动化"和"生产过程自动化"两专业合并成立属于电工类0806的"工业自动化"专业,专业代码为080604,由当时的机械工业部归口管理,成立高等学校工业自动化教学指导分委员会,负责"工业自动化"专业的教学指导工作。与此同时,"自动控制"专业归类到电子信息类0807,专业代码为080711,由当时的电子工业部归口管理,成立高等学校自动控制教学指导分委员会,负责"自动控制"专业的教学指导工作。经过该次专业调整与合并,"工业自动化"与"自动控制"专业强弱电并重、软硬件兼顾、控制理论和实际系统相结合,面向运动控制、过程控制和其他对象控制,共同特点与培养目标进一步明确。但是"工业自动化"专业偏重强电、偏重应用,"自动控制"专业偏重弱电、偏重理论,专业特点与分工格局也基本确定。

1995年,国家教委(教育部)颁布了"(高等学校)工科本科引导性专业目录",将电工类0806的"工业自动化"专业080604与原电子信息类0807的"自动控制"专业080711合并为新电子信息类3807的"自动化"专业,专业代码为380701。由于这是引导性专业目录,不属于强制执行,再加上将"工业自动化"这一强、弱电并重的专业"并入"属于弱电专业类的电子信息类(3807),不利于专业的发展,因而许多学校仍然保持"工业自动化"专业与"自动控制"专业并存的局面。更由于1996年,国家教委(教育部)再次委托机械工业部与电子工业部分别成立新的一届(第二届)归口管理的高等学校教学指导分委员会,使得这一引导性专业并未得到有效的实行,而执行了引导性专业目录并设置了合一的"自动化"专业的学校也是"一仆二主",一个专业对应着两个教学指导分委员会。

1998年,为适应国家经济建设对宽口径高等教育人才培养的需要,进一步合并专业、与国际"通才"教育接轨,教育部公布了经第四次修订的最新"普通高等学校本科专业目录",专业总数从第三次修订后的504种,大幅度减少到了249种,原目录中属于强电专业类的电工类0806与属于弱电专业类的电子信息类0807合并为强、弱电合一的电气信息类0806,同时将原属于电工类0806的"工业自动化"专业与属于电子信息类0807的"自动控制"专业正式合并,再加上"液压传动与控制"专业(部分)、"电气技术"专业(部分)与"飞行器制导与控制"专业(部分),组成新的(强制执行的)属于电气信息类0806

的"自动化"专业,专业代码 080602。据统计,到目前为止全国已有 200 多所学校设立了该"自动化"专业。

2012 年,为了适应当今世界科技发展的新趋势,适应创新型国家和人力资源强国建设需要,满足复合型、应用型、创新型人才需求,按照科学规范、主动适应、继承发展的原则,教育部公布了《普通高等学校本科专业目录和专业介绍(2012 年)》。新目录分设哲学、经济学、法学、教育学、文学、历史学、理学、工学、农学、医学、管理学、艺术学 12 个门类,专业类由原来的 73 个增加到 92 个。取消原 0806"电气信息类"下的 080602"自动化"专业,设立新的 0808"自动化类"专业,下设 080801"自动化"专业。

由此可见,一部自动化专业的发展史,实际是新中国高等教育事业发展史的一个缩影,同时也是新中国工业发展史的一个缩影、一个见证。回顾自动化专业的发展历史,并结合相应时期我国国民经济建设对自动化人才的需求和我国自动化事业的发展,不难看出:

(1)我国的自动化专业不仅有比较悠久的历史(1952 年全国高校大调整时第一批设立的专业),而且从自动化专业成立的第一天起,就一直是国家急需的专业之一,也因而至今一直是招生人数最多和最受用人单位欢迎的专业之一。

(2)我国的自动化专业是伴随着我国工业从电气化一步一步向自动化发展的,专业方向与主要内容也从最初的突出电气化的"工业企业电气化"一步步发展为电气化与自动化并重的"工业电气化及自动化"、突出电气自动化的"工业电气自动化"和突出自动化的"工业自动化",进而在合并专业的教育改革中与"自动控制"专业合并成范围更广的"自动化"专业。从中可看出,我国的自动化专业虽然最初是在学习苏联教育体制的大环境下建立的,但在发展中没有照搬苏联或英、美的办学模式,而是结合我国的国情(以满足国家需求为主要目的)创新发展出来的具有"跨行业的专业"特征的专业,这包括:

①在专业方向与内容上,始终抓住了国家经济建设与国防建设中的最主要的发展问题,伴随国家不同发展阶段的需求不断调整,走"跨行业"的专业发展之路;

②在专业培养目标上,一开始就不是行业性的,逐步拓宽专业口径发展到目前宽口径的"通才"。

历史表明,我国自动化专业的发展,不但符合我国国情,而且具有中国的特色,是中国的创新。

(3)我国从 2012 年起建立独立的"自动化"专业,不仅完全符合世界范围内拓宽专业面、打破"行业性的专业"设置的旧体系、实行"通才"教育发展的总趋势,完全符合我国现阶段信息化带动工业化、走新兴工业化道路的国情,而且本科自动化专业和自动化科学与技术学科名称相一致,有利于同步发展我国的自动化科学与技术学科和本科自动化专业,为国家输送更多的自动化人才。

3.2　自动化专业的人才培养目标

根据2012年教育部公布的《普通高等学校本科专业目录和专业介绍(2012年)》,对自动化专业学生的业务培养目标是:培养知识、能力、素质各方面全面发展,掌握自动化领域的基本理论、基本知识和专业技能,并能在工业企业、科研院所等部门从事运动控制、过程控制、制造系统自动化、自动化仪表和设备、机器人控制、智能监控系统、智能交通、智能建筑、物联网等方面的工程设计、技术开发、系统运行管理与维护、企业管理与决策、科学研究和教学等有关工作的宽口径、高素质、复合型的自动化工程科技人才。本专业的学生主要学习自动化领域的基本理论和基本知识,接受自动化领域的基本方法及解决实际工程问题等方面的基本训练,具有自动化工程设计与研究方面的基本能力。

自动化专业的毕业生应获得以下几方面的知识和能力:

(1)熟悉党和国家的各项方针和政策,具有较强的人文素质、社会服务意识和责任感,具有较高的道德修养并遵守学术道德规范和保证职业诚信;

(2)掌握从事自动化领域工作所需的数学、物理等自然科学知识,以及电子电气、计算机与通信等技术基础知识,具有初步的工程经济、管理、社会学、法律、环境保护等人文与社会学的知识;

(3)掌握本专业中"信息、控制和系统"的基本原理,掌握信息处理的基本方法和优化设计的基本原理,了解自动化领域的前沿和发展动态;

(4)掌握工程控制系统分析和设计的一般方法,具有较熟练地解决工程现场一般控制系统问题的能力,具有独立从事工程实践中控制系统的运行、管理与维护的基本能力;

(5)具有对自动化系统或产品中的技术进行分析、改进、优化和独立设计的能力;

(6)具有创新意识和对自动化新产品、新工艺、新技术和新设备进行研究、开发和设计的初步能力;

(7)了解自动化专业领域技术标准和相关行业的法规;

(8)具有适应发展的能力以及对终身学习的正确认识和学习能力;

(9)具有较强的交流沟通、环境适应和团队合作的能力;

(10)具有一定的国际视野,至少掌握一门外语,能熟练阅读本专业外文文献资料,可进行跨文化环境下的沟通和交流。

3.3 自动化专业的知识结构与体系

面向高等科学工程教育的自动化学科与专业,其知识体系由三层知识层、八个知识领域构成,如图 3 - 1 和图 3 - 2 所示。

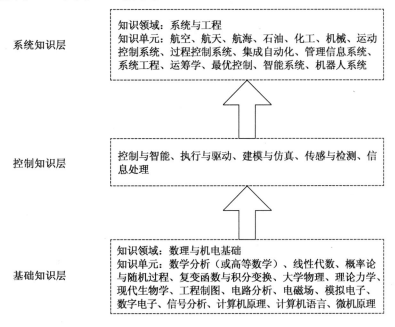

系统知识层

    知识领域:系统与工程
    知识单元:航空、航天、航海、石油、化工、机械、运动
    控制系统、过程控制系统、集成自动化、管理信息系统、
    系统工程、运筹学、最优控制、智能系统、机器人系统

控制知识层

    控制与智能、执行与驱动、建模与仿真、传感与检测、信息处理

基础知识层

    知识领域:数理与机电基础
    知识单元:数学分析(或高等数学)、线性代数、概率论
    与随机过程、复变函数与积分变换、大学物理、理论力学、
    现代生物学、工程制图、电路分析、电磁场、模拟电子、
    数字电子、信号分析、计算机原理、计算机语言、微机原理

图 3 - 1 自动化学科与专业的三层知识结构

3.3.1 三层知识层

1. 基础知识层

含知识领域——数学、物理、力学与机电基础。

2. 控制知识层

含知识领域——传感与检测(或信息获取),通信与网络(或信息传输),反馈控制(或信息处理),智能控制(或信息控制),执行与驱动(或信息应用),建模与仿真。

3. 系统知识层

含知识领域——航空、航天、航海、石油、化工、机械,其中控制与智能、仿真技术、系统与工程等知识领域是自动化专业知识体系中的核心知识,也是自动化专业与其他专业的最大区别。

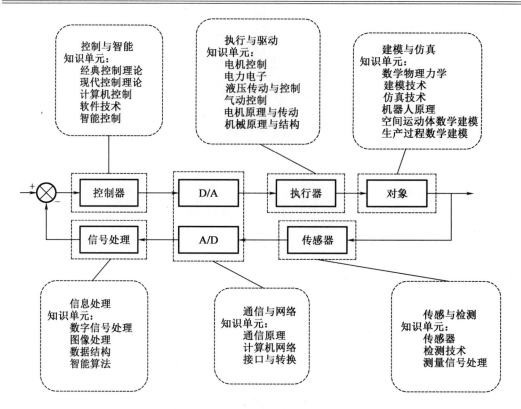

图3-2　自动化专业的八个知识领域中的六个核心知识领域

3.3.2　八个知识领域

1."数理力学与机电基础"知识领域

包含的知识单元有数学分析(或高等数学)、线性代数、概率论与随机过程、复变函数与积分变换、大学物理、理论力学、工程制图、电路分析、电磁场、模拟电子、数字电子、信号分析、计算机原理、计算机语言、微机原理等。

2."传感与检测"知识领域

包含的知识单元有传感器、检测技术、测量信号处理等。

3."通信与网络"知识领域

包含的知识单元有通信原理、计算机网络等。

4."信息处理"知识领域

包含的知识单元有数字信号处理、模式识别、数据结构、智能算法等。

5."控制与智能"知识领域

包含的知识单元有经典控制理论、最优控制、自适应控制、智能控制,现代控制理论等。

6."执行与驱动"知识领域

包含的知识单元有电机原理与控制、机械原理与结构、电力电子、液压传动与控制、气动控制等。

7."建模与仿真"知识领域

包含的知识单元有系统辨识,建模技术,仿真技术,机器人原理,航空、航天、航海等空间运动体数学模型和各种生产工程数学模型。

8."系统与工程"知识领域

包含的知识单元有运动控制系统、过程控制系统、集成自动化系统、管理信息系统、系统工程、运筹学、智能系统、机器人系统等。

3.4　自动化专业的特点

我国的自动化专业是伴随着我国经济与国防建设,一步一步从最初的突出电气化,到电气化与自动化并重,再到突出自动化发展过来的,因而具有中国的特色和中国的创新,并在发展中形成了自动化专业一些鲜明的特点,具体如下:

(1)具有多学科交叉、内涵丰富、外延宽广的特点,因而利于培养宽口径、综合复合型人才;

(2)具有方法论性质的科学方法、科学思想,思路更加开阔,也更有深度,非常利于培养具有创新能力的人才;

(3)突出系统与集成的思维方法,有利于培养"将才"与"帅才"。

3.4.1　多学科交叉的特点——利于培养宽口径人才

自动化技术是当代高技术的集中体现与应用,自动化科学是一门多学科交叉的高科技学科,自动化学科覆盖的面非常宽广,并且在自动化学科的结构体系中,还包含了其他学科的一些交叉分支。

为了适应自动化学科内涵丰富、外延宽广、综合交叉性的学科特点,要求自动化学科与专业的基础厚,知识面宽,这无疑有利于培养宽口径、多面手、综合复合型人才,符合淡化专业、通才教育的教育改革方向,同时也使得自动化专业的学生需要学习的知识要明显增多。学习自动化专业需要的数学知识最多,需要的计算机知识仅次于计算机专业。

由于自动化专业学生需要学习的知识多,基础扎实,知识面宽,因而毕业生工作的适应面宽,且工作易取得成功,因而长期以来一直是招生人数多和就业受用人单位欢迎的专业之一。

　　自动化专业学生学习的知识多、基础知识面宽、适应面宽,也常被人戏称为"万金油"专业。这既是宽口径专业的长处、也是其短处。实际上,高等学校工程教育中的"通才"培养与"专才"培养是矛盾的,"通"了可能不"专","专"了可能不"通"。自动化学科与专业要发展,一方面要坚持基础厚、知识面宽、适应面宽的发展方向,另一方面更要突出自动化学科与专业的特色——信息、控制、系统与集成。此外,根据各个学校的不同培养对象、不同的培养目标设置、不同的服务面向,应设有自己的特色专业课程体系。

3.4.2　突出的方法论特点——利于培养创新人才

自动化学科与专业具有方法论性质的科学方法如下。

1. 反馈的方法

利用偏差进行控制的方法。

2. 黑箱的方法

考查输入和输出特性从整体上把握系统的方法。

3. 功能模拟方法

不考虑具体形态,只考虑不同系统在行为功能或数学上的等效性与相似性。

4. 系统的方法

在系统及其组成部分以及系统与环境的相互作用中,综合考查对象,以达到综合最优的处理问题方法。

5. 稳定性与鲁棒性概念

稳定是系统正常工作的基本条件,包括全局稳定、渐进稳定、稳定边界、稳定裕量等概念。

6. 分层分级控制、自适应,自学习、自组织控制的思想

略。

　　这些科学方法与科学思想不仅对自动化科学的发展起了极其重要的推动作用,使自动化科学成为最具方法论性质的学科之一,也深刻地影响了学习自动化科学技术的学生,使学习自动化专业的学生潜移默化地受到科学思想、科学方法论的熏陶,思路更开阔,思维更活跃,也更有深度,非常利于培养具有创新能力的人才。

3.4.3　系统集成的特点——利于培养将才、帅才

　　自动化的核心是控制与系统。我们知道控制的最基本问题是如何对系统施加控制作用,使其表现出预定的行为,维纳用原意是"舵手"与"统治者"的英文名词 Cybernetics 来命名他的《控制论》,而系统指的是由若干相互依存和相互作用的子系统为达到某些特

定功能所组成的完整综合体。系统的性能主要取决于各子系统间的配合与协调,依赖于环境与系统的相互作用。

因此,从事自动化领域工作特别需要具有以下几方面的能力:

(1)从工程实践中抽象出系统问题的分析与综合能力;

(2)综合集成(分析、建模、控制和优化)解决系统问题的能力;

(3)理解许多其他学科与专业技术的能力,与其他许多不同领域专家有效沟通的能力;

(4)组织管理、系统协调的能力,担当"系统集成者"的能力。无疑,对自动化专业学生上述能力的培养,有利于培养出具有"将才、帅才"素质的复合型人才。

综上所述,自动化专业培养的人才应具有:

(1)顾全大局、协同创新的系统思维;

(2)自我校正、追求卓越的反馈意识;

(3)抵制诱惑、挑战极限的鲁棒素质;

(4)与时俱进、最佳决策的驾驭能力。

3.5 自动化专业的工程教育认证

3.5.1 工程教育认证相关知识

工程教育专业认证是指专业认证机构针对高等教育机构开设的工程类专业教育实施的专门性认证,由专门职业或行业协会(联合会)、专业学会会同该领域的教育专家和相关行业企业专家一起进行,旨在为相关工程技术人才进入工业界从业提供预备教育质量保证。

工程教育专业认证是国际通行的工程教育质量保障制度,也是实现工程教育国际互认和工程师资格国际互认的重要基础。工程教育专业认证的核心就是要确认工科专业毕业生达到行业认可的既定质量标准要求,是一种以培养目标和毕业出口要求为导向的合格性评价。工程教育专业认证要求专业课程体系设置、师资队伍配备、办学条件配置等都围绕学生毕业能力达成这一核心任务展开,并强调建立专业持续改进机制和文化,以保证专业教育质量和专业教育活力。

开展工程教育认证的目标是:构建中国工程教育的质量监控体系,推进中国工程教育改革,进一步提高工程教育质量;建立与工程师制度相衔接的工程教育认证体系,促进工程教育与企业界的联系,增强工程教育人才培养对产业发展的适应性;促进中国工程教育的国际互认,提升国际竞争力。

工程教育专业认证是以学生为中心,以培养目标与毕业出口要求为导向,通过课程体系、师资队伍与支持条件支撑毕业出口要求达成,进而支撑培养目标达成,实施内、外部评价反馈的持续改进体系。

3.5.2 哈尔滨工程大学自动化专业

哈尔滨工程大学自动化专业起源于中国人民解放军军事工程学院的"船舶电气自动化""武备自动化"专业,于 1955 年正式招生,1960 年第一届毕业生毕业,1998 年教育部专业目录调整,将工业电气自动化、自动控制、生产过程自动化三个专业合并为现在的自动化专业。本专业历经几代人努力奋斗,不断凝练专业特色,形成了面向船舶、海洋装备领域进行科学研究和人才培养的专业优势特色。本专业采用大类招生,近三年自动化类每年招生人数 450 人左右,累计毕业生 3 800 多人。

本专业是国家一流专业、卓越工程师教育培养计划专业、教育部特色专业、黑龙江省重点专业,2021 年通过了工程教育专业认证。所依托的"控制科学与工程"学科在教育部 2017 年第四轮学科评估中,在参评的 162 所高校中获评 A-,并列第 9,进入全国前10% 行列。本专业现有船舶导航与控制国家级实验教学示范中心、教育部船舶控制工程中心、教育部船海装备智能化技术与应用重点实验室、工信部船舶导航与控制重点实验室、黑龙江省环境智能感知重点实验室、黑龙江省多学科认知人工智能技术与应用重点实验室。

本专业的专业实验教学及工程实践,分别在船舶导航与控制、工程训练、电工电子、物理、计算机、化学等 6 个省级和国家级实验教学示范中心开展,共有实验设备 12 127 台套,总资产 12 166 余万元,可用面积约 20 493 余平方米。专业校外实习基地共 2 个,分别是大连船舶重工集团有限公司和中车大连机车车辆有限公司。

3.5.3 自动化专业培养目标

本专业致力于培养适应社会与经济发展需要,能够在控制理论与应用、运动控制、过程控制、计算机控制等自动化相关领域,尤其是自动化工程与船舶控制工程领域从事自动化装置和系统的分析与设计、优化与集成、开发与研究、运行与维护以及技术管理等工作的高级工程技术人才。具体包括以下 5 个方面。

培养目标 1:能够适应自动化现代科技发展需要,综合运用数理基本知识、工程基础知识和自动化工程专业知识,对自动化工程领域复杂工程项目提供系统性的解决方案。

培养目标 2:具备系统思维、自主学习和创新能力,能够跟踪自动化工程及相关领域的前沿技术,能运用现代工程技术从事自动化工程、船舶控制工程领域相关产品的设计、研发。

培养目标 3:具备社会责任感,理解并坚守职业道德规范,综合考虑法律、环境与可持续性发展等因素影响,在工程实施中能坚持公众利益优先。

培养目标 4:具有工程项目组织及协作能力,具有健康的身心和良好的人文科学素养,适应独立和团队工作环境,拥有有效的沟通、表达能力和工程项目管理的能力。

培养目标 5:具有全球化意识和国际视野,能够积极主动适应不断变化的国内外形势和环境,拥有自主的终身学习习惯和能力。

本专业毕业生应满足如下在知识、能力和素质等方面的要求。

(1)工程知识:能够将数学、自然科学、工程基础和专业知识用于解决自动化工程技术领域、船舶控制工程领域的复杂工程问题。

(2)问题分析:能够应用数学、自然科学、工程科学和专业知识的基本原理识别、表达,并通过文献分析研究自动化工程技术领域、船舶控制工程领域复杂工程问题,以获得有效结论。

(3)设计/开发解决方案:能够设计针对自动化工程技术领域、船舶控制工程领域复杂工程问题的解决方案,设计满足特定需求的系统、功能模块或工艺流程,加强实践能力,并能够在设计环节中体现创新意识,考虑社会、健康、安全、法律、文化以及环境等因素;

(4)研究:能够基于科学原理并采用相应科学方法对自动化工程技术领域、船舶控制工程领域复杂工程问题进行研究,通过设计实验,分析与解释数据,并通过信息综合得到合理有效的结论。

(5)使用现代工具:能够针对自动化工程技术领域、船舶控制工程领域复杂工程问题,开发、选择与使用恰当的技术、资源、现代工程工具和信息技术工具,包括对复杂工程问题的建模、预测与模拟,并能够理解其局限性。

(6)工程与社会:能够基于自动化工程技术领域、船舶控制工程领域相关背景知识进行合理的分析,评价专业工程实践和复杂工程问题解决方案对社会、健康、安全、法律以及文化的影响,并理解应承担的责任。

(7)环境和可持续发展:能够理解和评价针对自动化工程技术领域、船舶控制工程领域复杂工程问题的工程实践对环境、社会可持续发展的影响。

(8)职业规范:爱国守法,具有人文社会科学素养和社会责任感,能够在工程实践中理解并遵守工程职业道德和规范,履行相应的责任。

(9)个人和团队:能够在多学科背景下的团队中承担个体、团队成员以及负责人的角色。

(10)沟通:能够对自动化工程技术领域、船舶控制工程领域复杂工程问题与业界同行及社会公众进行有效沟通和交流,包括撰写报告、设计文稿、陈述发言、清晰表达或回应指令。并具备一定的国际视野,能够在跨文化背景下进行沟通和交流。

(11)项目管理:理解并掌握工程管理原理与经济决策方法,并能在多学科环境中应用。

(12)终身学习:具有自主学习和终身学习的意识,有不断学习和适应自动化专业发展的能力。

12 条毕业要求可概括为技术类要求(对应毕业要求 1~5)和非技术类要求(对应毕业要求 6~12),其中又含有运用工程知识、解决工程问题技能、通用能力和工程态度要求等四个方面要求,是学生毕业时备的知识和能力的具体描述,包括学生通过本专业学习所掌握的知识、技能和素养。本专业的培养目标包括 5 个方面,其中技术类为培养目标 1,2,非技术类为培养目标 3,4,5。

培养目标 1:具备扎实数理基础,掌握自动化工程及船舶控制工程基础知识和专业知识,并能适应自动化工程技术的发展。能对自动化工程、船舶控制工程及相关领域复杂工程问题进行分析并提供系统性的解决方案。主要包含运用工程知识分析和解决工程问题的技能等方面,对应毕业要求 1 运用工程知识的能力;毕业要求 2 综合运用工程基础知识和专业知识分析问题能力;毕业要求 3 对自动化工程、船舶控制工程及相关领域复杂工程问题提供系统性解决方案;毕业要求 4 解决工程问题能力中的研究并获得有效结论的能力和技能。

培养目标 2:具备系统思维、自主学习和创新能力,能够跟踪自动化工程及相关领域的前沿技术,具有运用现代工程技术从事自动化工程、船舶控制工程领域相关产品的设计、研发。主要包含运用现代工具研究并开发的能力,对应毕业要求 1 能够将专业知识用于解决自动化工程、船舶控制工程领域的复杂工程问题;毕业要求 4 解决工程问题能力中的研究能力和毕业要求 5 通用能力中的使用现代工具能力。

培养目标 3:具备社会责任感,理解并坚守职业道德规范,综合考虑法律、环境与可持续性发展等因素影响,在工程实施中能坚持公众利益优先。主要包含工程态度方面的职业成就,对应毕业要求 6 工程与社会关系、毕业要求 7 环境和可持续发展的意识、毕业要求 8 工程职业道德规范和社会责任等。

培养目标 4:具有健康的身心和良好的人文科学素养,适应独立和团队工作环境,拥有有效的沟通、表达能力和工程项目管理及协作能力。主要包含身心健康、团队合作、有效沟通及工程管理等通用能力,对应毕业要求 8 职业道德规范、毕业要求 9 个人和团队关系、毕业要求 10 有效的沟通和毕业要求 11 项目管理的理解并应用等。

培养目标 5:具有全球化意识和国际视野,能够积极主动适应不断变化的国内外形势和环境,拥有自主的终身学习习惯和能力。主要包含具备国际视野紧跟科技进步,具有终身自主学习的能力,对应毕业要求 10 沟通中具备一定的国际视野,能够在跨文化背景下进行沟通和交流;毕业要求 12 终身学习并适应专业发展的能力。

3.5.4　自动化专业课程体系

自动化专业课程体系由通识教育平台、大类教育平台和学院专业平台 3 部分构成。

1. 通识教育平台(表 3 – 1)

通识教育平台课程包括通识教育必修课程和通识教育选修课程。

(1)通识教育必修课程

通识教育必修课程包括思想政治理论课、军事类课程、体育类课程、大学外语课程、环境与工程类课程,共计 34 学分。

(2)通识教育选修课程

学生在通识教育选修课程中至少选修 12 个学分,且必须选修中华传统文化类课程至少 1 学分,艺术赏鉴与审美体验类课程至少 1 学分,创新思维与创业实践类课程至少 2 学分。机类、电类、材化类及理学类专业学生必须修满 A ~ C 类课程至少 6 学分,经管类、人文社科类、语言类专业学生必须修满 D ~ F 类课程至少 6 学分。

2. 大类教育平台(表 3 – 2)

大类教育平台课程为必修课程,包括:工科数学分析、线性代数与解析几何、概率论与数理统计、复变函数与积分变换、大学物理、大学物理实验、计算思维等课程,共计 47.5 学分。

3. 学院专业平台(表 3 – 3、表 3 – 4)

学院专业平台课程包括学院基础及专业核心课程、创新创业综合实践课程及专业选修课程等 3 类课程。

(1)学院基础及专业核心课程

该类课程为必修课程,包括:自动化专业导论、电子技术、自动控制理论、现代控制理论、微型计算机原理与接口技术、运动控制系统、计算机控制系统、电力电子技术、船舶控制系统、工业过程控制等课程,共计 34 学分。

(2)创新创业综合实践课程

该类课程为必修课程,包括:创新认知与实践、电子技术综合实践、自动控制系统设计实践、机器人控制系统综合设计实践等课程,共计 21.5 学分。

(3)专业选修课程

学生根据个人发展目标,可以从专业选修课程中选修不少于 15 学分的课程,其中人工智能模块及智能信息处理模块必须选择一个模块。至少选修 1 门或以上其他专业的核心课程,记载为专业选修课程学分。

哈尔滨工程大学自动化专业课程体系与指标点、毕业要求对应关系如表 3 – 5 所示。

表3-1　通识教育平台

必修33学分　选修≥12学分

序号	课程编号	课程名称	学分	学时分配					学期学时数分配								备注
				理论讲授	实验	实习	研讨	其他	第一学年		第二学年		第三学年		第四学年		
									1	2	3	4	5	6	7	8	
1	201912200001	思想道德修养与法律基础	3	40				8	48								
2	201912200002	中国近现代史纲要	3	40				8		48							
3	201912200003	马克思主义基本原理概论	3	48							48						
4	201912200004	毛泽东思想和中国特色社会主义理论体系概论	5	64				16				80					
5	201912200005	习近平新时代中国特色社会主义思想"四进四信"专题教学	1	16									16				
6	201912200006	形势与政策	2	32						8	8	8	8				
7	201911200001	大学英语(一)	2	32					32								
8	201911200002	大学英语(二)	2	32						32							
9	201911200003	大学英语(三)	1.5	16			16				32						
10	201911200004	大学英语(四)	1.5	16			16					32					
11	201911000001	环境保护与可持续发展	2	24	16						40						
12	201911700001	工程伦理与工程认识	1			1周		1周		1周							
13	201911800001	军事理论	2	32				32		32							
14	201911800002	军事训练	2			3周		3周	3周								
15	201911600001	体育(一)	1					64	28	36							
16	201911600002	体育(二)	1					64			28	36					俱乐部模式
17	201911600003	体育(三)	1					16					8	8			体测模式

表 3-2　大类教育平台

必修 47.5 学分

序号	课程编号	课程名称	学分	学时分配					学期学时数分配								备注
				理论讲授	实践				第一学年		第二学年		第三学年		第四学年		
					实验	实习	研讨	其他	1	2	3	4	5	6	7	8	
1	201911100201	工科数学分析（一）	4.5	56			32		88								
2	201911100202	工科数学分析（二）	5.5	72			32			104							
3	201911100203	线性代数与解析几何	3.5	48	8		16		72								
4	201911100204	概率论与数理统计	3	40			16			56							
5	201911100205	复变函数与积分变换	2	32							32						
6	201911100206	大学物理（一）	4	56			16			72							
7	201911100207	大学物理（二）	4	56			16				72						
8	201911100008	大学物理实验（一）	1		32					32							
9	201911100209	大学物理实验（二）	1		32						32						
10	201910900201	项目管理与工程经济决策	1.5	24			16					24					
11	201911700202	工程实践	4			4周							4周（4周）				4或5学期开设
12	201910600201	计算思维（一）	1	8	16				24								
13	201910600202	计算思维（二）	2	16	32					48							
14	201910200202	理论力学 B	2.5	32			16				48						
15	201910700202	工程制图	2	32					32								
16	201910700203	机械设计设计基础	2	32								32					
17	201910800202	电路基础	4	56	8		8				72						

表 3 - 3　学院专业平台(一)

学院基础及专业核心 34 学分　创新创业综合实践 21.5 学分

说明：「学时分配」含 理论(讲授)、实验、实习、研讨、其他；「学期学时数分配」第一学年(1、2)、第二学年(3、4)、第三学年(5、6)、第四学年(7、8)。

序号	课程编号	课程名称	学分	理论讲授	实验	实习	研讨	其他	1	2	3	4	5	6	7	8	备注
1	201910800303	电子技术	6.5	96			16					112					学院基础
2	201910400301	自动控制理论	5.5	72	24		8						104				学院基础
3	201910400302	现代控制理论	2.5	32	8		8							48			学院基础
4	201910400303	微型计算机原理与接口技术	4	48	16		16							80			学院基础
5	201910400401	自动化专业导论	1	16					2								专业核心
6	201910400402	运动控制系统	3	40	8		8				14						专业核心
7	201910400403	计算机控制系统	2.5	32	8		8							56			专业核心
8	201910400404	电力电子技术	3.5	48	8		8						64				专业核心
9	201910400405	船舶控制系统	2.5	32	8		8								48		专业核心
10	201910400406	工业过程控制	3	40	8		8							56			专业核心
11	201910800304	创新认知与实践	1		32							32					创新创业综合实践课程
12	201910800401	电子技术综合实践	1.5		48							24	24				创新创业综合实践课程
13	201910400407	自动控制系统设计实践	1		1周									1周			创新创业综合实践课程
14	201910400408	机器人系统综合设计实践	2		2周										2周		创新创业综合实践课程
15	201910400305	毕业实习	2			2周											2周	
16	201910400306	毕业设计(论文)	14					14周								14周	

表 3-4　学院专业平台(二)

专业选修≥15学分,其中选修其他专业学院课程或专业核心课程至少1门,至少选修1个模块课程

序号	课程编号	课程名称	学分	理论	实践				第一学年		第二学年		第三学年		第四学年		备注
				讲授	实验	实习	研讨	其他	1	2	3	4	5	6	7	8	
1	201910400409	人工智能导论	2	32									32				
2	201910400410	机器学习	2	32										32			人工智能模块
3	201910400411	大数据信息挖掘	2	32									32				
4	201910400412	物联网科创导论	2	24				16						40			
5	201910400413	数字信号处理	2	32									32				智能信息处理模块
6	201910400502	检测与转换技术	2	24	8		8							40			
7	201910400414	嵌入式控制系统	2	24	16								40				
8	201910400415	计算机网络技术	2	32										32			
9	201910400416	控制领域学术前沿(全英文授课)	1	16							16						
10	201910400802	自动控制元件	2.5	32	8		8					48					
11	201910400417	电磁场	2	32									32				
12	201910400418	液压伺服系统	2	24	8		8						40				
13	201910400419	现场总线控制系统	2	24	8		8							40			
14	201910400420	工业自动化系统	2	32									32				
15	201910400421	控制系统仿真	2	24	16									40			
16	201910400422	单片机技术	2	24	8		8					40					

表 3 - 4(续)

专业选修≥15学分,其中选修其他专业学院课程或专业核心课程至少1门,至少选修1个模块课程

序号	课程编号	课程名称	学分	理论 讲授	实践				学期学时数分配								备注
					实验	实习	研讨	其他	第一学年		第二学年		第三学年		第四学年		
									1	2	3	4	5	6	7	8	
17	201910400803	工业机器人	2.5	32	8		8										
18	201910400423	可编程控制器	2	24	16												
19	201910400424	海洋工程控制概论	1	16							16						
20	201910400425	计算机软件基础	2	32								32					
21	201910400426	运筹学	2	32									32				
23	201910400427	机器人动力学基础	2	32									32				
24	201910410020	最优估计	2	32										48			
25	201910410025	电力电子系统建模与控制	2	32												32	研究生课程
26	201910410017	鲁棒控制技术	2	32											32		研究生课程
27	201910410014	船舶减摇原理与装置	2	32												32	研究生课程
28	201910410009	智能控制理论	2	32												32	研究生课程
29	201910410010	组合导航系统	2	32											32		研究生课程
30	201910410003	最优控制	2	32												32	研究生课程
31	201910410006	自适应控制	2	32												32	研究生课程
32	201910410015	海洋运动体操纵与控制	2	32												32	研究生课程
33	201910410005	模式识别	2	32												32	研究生课程

表 3 – 5　课程体系与指标点、毕业要求对应关系

毕业要求	指标点	课程名称
毕业要求 1	1.1 掌握数学、自然科学的基础知识，并具有将其应用于工程基础和专业知识的能力	工科数学分析
		线性代数与解析几何
		概率论与数理统计
		复变函数与积分变换
		大学物理
		大学物理实验
	1.2 掌握机械学、力学、计算机、电路等工程基础知识，并具有分析工程问题的能力	计算思维
		工程制图
		机械设计基础
		理论力学 B
		电路基础
	1.3 能够综合运用所学数学、自然科学、工程基础和自动化专业知识解决船舶控制工程及自动化工程相关领域复杂工程问题	电子技术
		计算机控制系统
		船舶控制系统
		电力电子技术
毕业要求 2	2.1 能够利用数学、自然科学和工程科学基本原理对船舶控制工程、自动化工程及相关领域复杂工程问题进行准确识别和表达	工科数学分析
		线性代数与解析几何
		概率论与数理统计
		复变函数与积分变换
		大学物理
	2.2 掌握文献检索方法，并通过研究分析船舶控制工程、自动化工程及相关领域复杂工程问题	自动化专业导论
		机器人控制系统综合设计实践
		毕业设计（论文）
	2.3 能够通过工程原理、工程方法和文献研究综合对船舶控制工程、自动化工程及相关领域复杂工程问题进行分析，并获得有效结论	运动控制系统
		船舶控制系统
		电力电子技术
		工业过程控制

表 3 – 5(续 1)

毕业要求	指标点	课程名称
毕业要求 3	3.1 能够针对船舶控制工程、自动化工程及相关领域复杂工程问题明确设计需求,设计解决方案	自动控制理论
		现代控制理论
		微型计算机原理与接口技术
		船舶控制系统
		计算机控制系统
	3.2 能够设计满足特定需求的自动化系统、船舶控制设备或工艺流程	电子技术综合实践
		自动控制系统设计实践
		机器人系统综合设计实践
	3.3 在设计环节中体现创新意识,考虑社会、健康、安全、法律、文化以及环境等因素	创新认知与实践
		船舶控制系统
		毕业实习
毕业要求 4	4.1 能够运用科学原理及专业知识,针对船舶控制工程、自动化工程及相关领域复杂工程问题进行研究	自动控制理论
		计算机控制系统
		工业过程控制
		船舶控制系统
		毕业设计(论文)
	4.2 具备设计和实施相关实验的能力,掌握实验方法,并能够获得实验数据	微型计算机原理与接口技术
		电子技术综合实践
		自动控制理论
		运动控制系统
	4.3 能够参照理论模型对实验数据进行分析和解释,并得到有效结论	现代控制理论
		电力电子技术
		电子技术综合实践
毕业要求 5	5.1 掌握与船舶控制工程、自动化工程相关领域的工具软件、先进测试设备和信息技术	自动控制理论
		创新认知与实践
		微型计算机原理与接口技术
	5.2 具有开发、选择与使用恰当的技术、资源、工具软件、先进测试设备和信息技术工具的能力	电子技术综合实践
		自动控制系统设计实践
		创新认知与实践
	5.3 能够使用工具软件、先进测试设备与信息技术工具对船舶控制系统、自动化系统及相关领域复杂工程问题进行建模、预测和模拟,并在实践过程中理解其局限性	毕业设计(论文)
		船舶控制系统
		现代控制理论

表 3 – 5(续 2)

毕业要求	指标点	课程名称
毕业要求 6	6.1 具有工程实习和社会实践经历,掌握与工程相关的背景知识以及职业和行业的方针、政策、法律、法规	工程实践
		毕业实习
		自动化专业导论
	6.2 能够基于工程及相关领域相关背景知识进行合理分析,评价专业相关领域等复杂工程问题解决方案对社会、健康、安全、法律以及文化的影响,并了解应承担的责任	思想道德修养与法律基础
		工程伦理与工程认识
		体育
毕业要求 7	7.1 理解环境保护和社会可持续发展的内涵和意义,熟悉相关领域的法律、法规	思想道德修养与法律基础
		形式与政策
		环境保护与可持续发展
	7.2 正确理解和评价复杂工程问题实施对环境保护及社会可持续发展等的影响	形式与政策
		环境保护与可持续发展
		毕业实习
毕业要求 8	8.1 尊重生命,关爱他人,主张正义、诚实守信,具有人文知识、思辨能力、处事能力和科学精神	思想道德修养与法律基础
		马克思主义基本原理概论
		习近平新时代中国特色社会主义理论思想"四进四信"专题教学
	8.2 理解社会主义核心价值观,了解国情,维护国家利益,具有推动民族复兴和社会进步的责任感	中国近代史纲要
		毛泽东思想与中国特色社会主义理论体系概论
		习近平新时代中国特色社会主义理论思想"四进四信"专题教学
		形势与政策
		军事理论
	8.3 在工程实践中,理解并遵守职业道德和规范,能够认真履行职责	工程伦理与工程认识
		毕业实习
		体育

表 3 - 5(续 3)

毕业要求	指标点	课程名称
毕业要求 9	9.1 能够在多学科背景下的团队中承担独立个体的责任	自动控制理论
		微型计算机原理与接口技术
		运动控制系统
		现代控制理论
	9.2 能够处理个人与团队的关系,具有组织管理能力、团队协作能力	军事训练
		自动控制系统设计实践
		机器人系统综合设计实践
毕业要求 10	10.1 了解本专业的国际状况,具备跨文化背景沟通和交流的能力	大学英语
		自动化专业导论
		计算机控制系统
	10.2 能够就复杂工程问题陈述发言、清晰表达或回应指令,与业界同行及社会公众进行有效沟通和交流	毕业实习
		机器人系统综合设计实践
		毕业设计(论文)
	10.3 能够就复杂工程问题撰写报告和设计文稿	自动控制系统设计实践
		运动控制系统
		微型计算机原理与接口技术
毕业要求 11	11.1 了解船舶控制工程、自动化工程及相关领域工程管理原理与经济决策基本知识,理解并掌握相应的工程管理与经济决策方法	项目管理与工程经济决策
		自动化专业导论
		创新认知与实践
	11.2 具备拟订项目实施计划及项目组织管理的能力,并能在多学科环境中应用	自动控制系统设计实践
		机器人系统综合设计实践
		毕业设计(论文)
毕业要求 12	12.1 具有自主学习、终身学习的意识	创新认知与实践
		电力电子技术
		自动化专业导论
	12.2 具备不断学习、适应自动化工程领域、船舶控制工程领域发展的能力	电子技术
		自动控制理论
		船舶控制系统

第4章 自动化科学技术在船舶工程中的应用

自动化科学技术是当代发展迅速、应用广泛、最引人注目的高技术之一,是推动新的技术革命和新的产业革命的核心技术。本章以编者多年来在船舶工程实践中积累的科研实例为基础,详细阐述了船舶工程中应用到的自动化科学技术,以培养学生投身船海领域工程的兴趣。

4.1 船舶横摇减摇鳍控制系统

船舶在海上航行和作业过程中,恶劣的自然气候给船舶带来的影响是无法规避的。风、浪、流等不确定性干扰会使船舶产生横摇、艏摇、纵摇、横荡、纵荡和垂荡六个自由度的运动。其中由于船舶横摇运动阻尼较小,因而横摇运动最易发生,并且摆动幅度也最大。众所周知,船舶剧烈的横摇运动会对船员的生活和工作造成影响,也可能使船舶的仪器设备等损坏。以至于在一些气候极端恶劣的海域,横摇运动有可能使得船舶发生倾覆,给船舶和工作人员的生命安全带来威胁。

为了有效减小船舶横摇运动,船舶控制工程师设计了各种各样的减摇装置。具体包括:舭龙骨、减摇水舱、减摇鳍等。其中,减摇鳍是目前最为有效的减摇装置,减摇效率最高可达90%以上。减摇鳍的专利最早是1889年由约翰·尼克洛夫(J. Thorneycroft)获得的。1923年,日本的元良信太郎设计了第一套减摇鳍,经装船试验得到了良好的减摇效果。1935年,英国的布朗兄弟公司设计的收放式减摇鳍成功地应用到2 200吨的海峡渡轮Sark号上,从此减摇鳍得到了广泛的应用。1959年,第一套不可收放式减摇鳍安装在了HMS Devonshire船上,当今船舶上采用的多为不可收放式减摇鳍。布朗兄弟公司于1992年设计的VM系列减摇鳍,被公认为减摇鳍发展史上重要的里程碑。VM系列减摇鳍在英国、日本、加拿大、西班牙、丹麦等国家的各种船舶上均获得了成功的应用。在我国,哈尔滨工程大学在20世纪60年代率先对减摇鳍及其控制技术进行研究,其研究成果填补了国内空白,并获1978年全国科学大会奖。哈尔滨工程大学研制的"NJ3""NJ4""NJ5"型减摇鳍已成功地应用到多艘船舶上,取得了良好的减摇效果。

目前,船舶横摇减摇鳍控制系统中运用最广泛的是经典的PID控制策略。然而在实际的情形下,船舶横摇减摇鳍控制系统存在着非线性和模型的不确定性,使得人们发现经典的PID控制器不能取得令人满意的控制效果。因此,提出更好的、适应性强的控制策略,对于船舶横摇减摇鳍控制系统来说是非常必要的。随着控制技术的不断发展,船舶减摇鳍控制策略的研究也在不断发展。丹尼尔(A. L. Daniel)研究了减摇鳍的神经网络控制方法,C. Gokcek 等研究了考虑具有模型不确定性的横摇减摇鳍 H_2 控制方法,哈达拉(M. R. Haddara)等研究了船舶减摇鳍的自适应模糊控制方法。国内对减摇鳍控制方法的研究涉及神经网络控制、模糊控制、变结构控制、自适应控制、最优控制和 H_∞ 控制等,取得了丰富的研究成果。

　　船舶作为空间运动体,在海上航行时具有六个自由度。减摇鳍是一种主动式减摇装置,它的减摇效果好,使用广泛,一般可以分为固定式和收放式两种。

　　图4-1和图4-2分别是舰船模型实物图和减摇鳍位置示意图。

图4-1　舰船模型实物图

图4-2　减摇鳍位置示意图

　　减摇鳍的工作原理具体介绍如下:当船在风浪中产生横摇运动时,鳍在控制系统的控制下,根据海浪扰动的规律做相应的转动,此时在鳍上产生了升力。升力作用线垂直于水流相对速度和鳍的轴线。由于鳍的布置左右对称,而当一侧舷的鳍产生的升力向上时,则另一侧舷的鳍产生的升力向下,如图4-3所示。这样,左右鳍产生的升力相对横摇轴形成稳定的控制力矩。

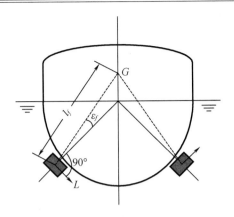

图 4 - 3　横摇稳定力矩

因为鳍角是受控制系统控制的,所以鳍所产生的升力也是受控制系统控制的。设计的控制系统可以使稳定力矩抵消海浪力矩,这样就可以达到减小船舶横摇的目的。减摇效果的好坏不但和鳍的水动力特性有关,而且和船舶横摇运动控制系统的性能有关。图 4 - 4 是船舶横摇运动控制系统结构图。

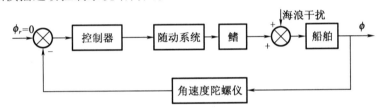

图 4 - 4　船舶横摇减摇鳍控制系统结构图

1. 船舶横摇运动模型

船舶在海浪等干扰作用下,船体绕横摇轴线做摇荡运动。船舶的惯性力矩、船舶阻尼力矩和恢复力矩这三种力矩与海浪扰动力矩相平衡。由于船体外形复杂,以及船体与波浪之间的互相影响也十分复杂,用经验公式或实船实验确定的通过船舶重心的纵轴惯量和附加惯量不是很精确。船的横摇阻尼系数与船体的形状、装载情况、横摇频率、横摇幅值、船体附近的流场、水的黏性等多种因素有关。因此,在实际的减摇鳍控制系统设计中通常采用理论建模和实船测量相结合的方法,以保证设计的性能要求。

2. 角速度陀螺和放大器

在船舶横摇控制系统中,角速度陀螺仪作为测量元件,用来测量船舶的横摇角速度,并以电压信号的形式输出。放大器用于对角速度陀螺仪输出的横摇角速度信号进行放大,以便能驱动下一级的控制器。放大器具体的放大倍数根据控制系统的不同而改变。

3. 控制器

控制器的设计可以有很多方法,其中包括经典的 PID 控制器和新兴的智能控制器。船舶在海上航行受到随机干扰产生横摇运动时,鳍在控制器的作用下,随海浪的扰动规律不断改变鳍角,从而产生稳定的力矩来抵抗海浪的扰动力矩,以减小船舶的横摇。如果能使稳定控制力矩和海浪的扰动力矩相等,则船舶就不会产生横摇运动。分析可得,控制力矩应该是横摇角、横摇角速度和横摇角加速度的线性组合,按力矩控制减摇装置的作用相当于增大了船舶的转动惯量、阻尼和稳性。所以,只要合理地选择控制力矩中横摇角、横摇角速度和横摇角加速度三个参数的加权值,就可以使减摇装置达到最佳的减摇状态。

由于船舶装载的复杂性和海洋环境的不确定性,设计好的 PID 控制器参数在实际的应用中可能达不到理想的控制效果。而智能控制器适应对象的复杂性和不确定性,船舶减摇鳍模糊控制、自适应控制和神经网络控制等算法能够明显增强控制系统的鲁棒性,得到更好的减摇效果。

4. 航速调节器

鳍上产生的升力是与鳍表面流体流速的平方成正比的。因此,当船舶的航速过高时,鳍所产生的力矩会很大,此时系统的开环增益增大,稳定性就会降低,所以应设法降低系统的开环增益。航速调节器的作用是可以根据不同的航速来调整转动鳍角与扶正力矩的关系系数,保证系统的减摇效果和稳定性。

5. 浪级灵敏度调节器

为了使减摇鳍在恶劣海况下仍工作在线性状态下,必须设计一个随海况变化的变增益放大器,使鳍角达到最大工作角度的概率(鳍角饱和率)在设计范围以内。浪级灵敏度调节器通过引入权因子,限制了控制量幅值,降低了鳍角达到最大角度的概率。

6. 鳍伺服系统

鳍伺服系统接收控制器信号,完成信号的功率放大,驱动鳍按照控制信号要求运动,使鳍角准确地跟踪控制信号。目前,大多数减摇鳍的随动系统都是电液随动系统,其结构原理如图 4-5 所示。

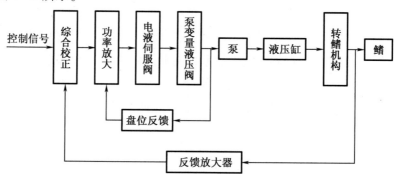

图 4-5　减摇鳍伺服系统结构图

在实际的船舶横摇减摇鳍控制系统中,伺服系统驱动鳍转动,完成从鳍角到扶正力矩的转换。这一环节可由一个比例环节 K_a 表示。动态的 K_a 值和很多因素有关。一般情况下,常采用静态 K_a 值来代替,即可将 K_a 值看作一个常数。研究表明,用静态 K_a 值来综合考虑减摇鳍控制系统也可以得到满意的效果。

本书在详细分析和研究船舶横摇运动和随机海浪理论的基础上,应用 H_∞ 控制理论对船舶横摇减摇控制系统进行了设计研究。针对船舶横摇减摇系统增广对象奇异化的问题,提出了奇异 H_∞ 控制问题对象再次增广的具体实现方式和广义增广摄动对象的结构特性,使得用一般 H_∞ 控制问题的解法来解奇异 H_∞ 控制问题成为可能;提出了新的 H_∞ 控制权函数选择方法来解决干扰和控制对象频带相当的问题,并进行了可行性和控制效果有效性的验证;提出了一种混合灵敏度问题模型解决有控制器输出约束的 H_∞ 控制问题,使用权函数和控制器输出乘积的无穷范数来约束控制器的实际输出,使实际 H_∞ 控制器的输出能够满足设计要求。

研究结果表明,采用 H_∞ 鲁棒控制能够提高横摇控制精度,增强系统鲁棒性。在有义波高为 3.8 m 的情况下,$45°$,$90°$,$135°$ 浪向角时,对于标称模型,PID 控制的横摇角标准差为 $0.21°$,$0.45°$ 和 $0.32°$,H_∞ 鲁棒控制的横摇角标准差为 $0.11°$,$0.30°$ 和 $0.23°$。由此可见,采用 H_∞ 鲁棒控制使得船舶减摇系统的鲁棒性得到提高。一方面,在各种海情和浪向下,系统都能较好地抑制随机海浪对船舶航行的影响;另一方面,在现有的减摇鳍控制系统中,在顺斜浪情况下,减摇鳍的减摇效果很差,由于 H_∞ 灵敏度极小化理论设计的控制器在控制器设计时考虑了系统对象和干扰在频率方面的特性,可以进行有针对性的设计,所以 H_∞ 控制在船舶顺斜浪航行时,也有很好的控制效果,能够保证在系统参数摄动和随机海浪的干扰下系统输出的有界性。

4.2　船舶横摇–鳍/翼鳍控制系统

普通减摇鳍结构简单,体积小,质量轻,造价低,目前中小型船舶,尤其是军船多采用这种形式。但其缺点是静水航行时阻力会增大,系泊时容易损坏。为了避免损坏,其外伸部分必须被限制在船宽与船底线的范围之内,因此在鳍型的选择上,不得不采用升力系数较低的小展弦比鳍,使其减摇能力受到限制,只有通过转大攻角来提供足够的升力。有时为了确保必要的减摇效果,要设置两对或者四对鳍,一般来说,设置超过两对以上的减摇鳍是不合理的。

随着科技的发展,在确保可靠性的基础上,人们开始着眼于提高减摇鳍效率、降低系统能耗等方面。因此,设计一种既节约能耗,减摇效果又比较理想的鳍/翼鳍减摇系统是十分必要的。襟翼式减摇鳍能减少船舶静水航行时的阻力,船舶系泊时也不会损坏减摇鳍系统。在减摇过程中,主鳍转角与襟翼转角按照给定方式下的最优指标转动,充分发挥主鳍、翼鳍独立翼面的控制能效,以达到提高减摇效果、降低能量消耗的目的。

鳍/翼鳍减摇系统的设计思想源于机翼理论。由机翼理论可知,两个相同展弦比、同等翼长的机翼,在同一冲角条件下,具有弓度的弯曲机翼比对称剖面机翼具有更大的升力系数。这是由于弓度的作用相当于增大了冲角。机翼的升力系数随攻角的增加而增大,当达到临界攻角时,升力系数达到最大值。机翼弓度引起升力增大的效果应用在水翼设计中,即产生了鳍/翼鳍这一新型减摇系统。在流经鳍面的水流发生分离之前,相同鳍角下,它比对称剖面的鳍具有更大的升力系数;当翼鳍角为零时,鳍面又呈对称机翼剖面,降低了航行阻力。从控制理论的角度来分析,通过设计优化鳍角/翼鳍角分配规则,鳍的运动幅度尽可能减小,所需扶正力矩由翼鳍运动完成,从而降低系统能耗;当船舶航行在恶劣海况下,通过鳍和翼鳍的联合运动,获得较大的扶正力矩,减摇鳍系统的横摇控制能力加强。

鳍/翼鳍控制装置如图 4 - 6 所示。船舶横摇 - 鳍/翼鳍控制系统结构框图如图 4 - 7 所示。系统由横摇智能鲁棒控制器、鳍/翼鳍伺服系统、鳍/翼鳍机械组合体、鳍/翼鳍角反馈装置和横摇检测装置构成。横摇智能鲁棒控制器由横摇鲁棒调节器、鳍角/翼鳍角智能决策器组成。

船舶横摇 - 鳍/翼鳍控制系统总体工作原理如下:横摇鲁棒调节器根据横摇检测装置得到的横摇角计算出所需的横摇扶正力矩,鳍角/翼鳍角决策器根据横摇扶正力矩值实时计算出所需的鳍角和翼鳍角,再通过鳍/翼鳍伺服系统驱动鳍、翼鳍产生相应的扶正力矩,实现对船舶横摇的稳定控制。

图 4 - 6 　船舶鳍/翼鳍原理样机

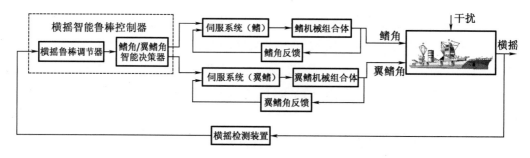

图 4 - 7 　船舶横摇 - 鳍/翼鳍控制系统原理结构框图

横摇鲁棒调节器是针对船舶减摇系统同时具有模型不确定性和外部扰动等两个方

面问题而设计的。其原理是通过鲁棒 H_2/H_∞ 控制将系统性能指标和鲁棒性问题结合起来，进而得到兼有鲁棒性能和最优性能的控制器。

鳍/翼鳍产生的横摇扶正力矩值是鳍角/翼鳍角的二元函数，在所需某一横摇扶正力矩时，有多组甚至是无穷多组鳍角/翼鳍角的组合与之对应。控制系统中的鳍角/翼鳍角决策器就是用来确定所需横摇扶正力矩对应的条件下具有最佳性能指标的鳍角/翼鳍角组合。鳍角/翼鳍角分配规则遵循"系统驱动能量最小"的原则，充分发挥了鳍/翼鳍的节能效果。

本书作者及其团队对船舶减摇 – 鳍/翼鳍控制系统进行了深入的研究。将鳍和翼鳍视为两个相互独立的控制面，针对同一横摇扶正力矩有多组鳍角/翼鳍角与之对应的情况，对鳍角/翼鳍角进行在线实时优化，并针对船舶控制系统存在的不确定性和随机干扰，应用鲁棒控制理论，设计了船舶横摇 – 鳍/翼鳍最优鲁棒控制系统。

首次建立了襟翼减摇鳍升力系数、压力中心系数、切向力系数、法向力系数、扭矩系数、襟翼扭矩系数的线性回归模型，使鳍/翼鳍控制器的设计和能量核算成为可能。

首次提出了利用襟翼减摇鳍的主鳍和襟翼联合减摇的系统方案，通过理论分析说明襟翼减摇鳍相对单体减摇鳍有更大的扶正力矩、较小的转鳍力矩。

针对鳍/翼鳍控制系统存在的模型不确定性、干扰抑制性能及控制器输出约束问题，应用 H_2/H_∞ 混合灵敏度 $S/KS/T$ 问题模型设计了襟翼减摇鳍控制系统控制器。

对定转角比鳍/翼鳍减摇控制系统和变转角比鳍/翼鳍减摇控制系统分别进行了仿真和能量核算，发现变转角比鳍/翼鳍控制系统相对于定转角比鳍/翼鳍减摇控制系统和传统单体减摇鳍控制系统不仅有好的控制效果，而且具有更低的能耗。

船舶横摇 – 鳍/翼鳍智能鲁棒控制系统取得了良好的减摇效果和节能效果，有效地抑制了海浪干扰，镇定了船舶的横摇，与传统减摇鳍相比，减摇效果大幅提高且具有较低的能耗。同时，设计的控制器具有较强的鲁棒性，在各种浪向及波高下均具有较好的减摇效果。

4.3　船舶航向控制系统

船舶航行时操纵控制的目的是追求船舶航行的经济性和安全性，这些都要求船舶沿着精确的航向与航迹航行。如船舶在做长距离远洋直航运动时，操纵控制系统性能较好的船舶就无须频繁操舵即能维持航向，且航迹也较接近于要求的直线。而操控系统性能较差的船舶则要频繁操舵以纠正航向偏离，其航迹较为曲折，呈现"S"形。这样一方面增加了实际航程，另一方面由于校正航向偏差增加了操纵机械和推进机械的功率消耗。据分析，由于上述原因而增加的功率消耗占主机功率的 2% ~ 3%，而对于部分舵控系统性能较差的船舶此种功耗有时甚至高达 20%。

航向控制是通过操舵运动来实现的，早期的自动舵研究，追求舵面结构简单，因而大多采用单控制面的整体舵。但对于大型船舶上的整体舵，因舵展弦比较小，舵角受空泡限制及两舵之间相互干扰等现象限制,进而影响了航向控制效果。

20世纪80年代,美国GPS全球卫星定位系统开始提供商业化的定位服务,使得船舶航迹综合控制的实现变得更加容易。当前,国际市场上间接式的航迹自动舵产品主要有Sperry公司的ADG 3000VT和ADG 6000,东京计器公司Tokyo Keiki Co.的PR-700和PR-800等,他们是凭借着自适应航向舵的技术优势,加以航迹规划和导航计算,占据着航迹舵的主流市场;综合式的航迹自动舵产品比较少,目前仅有Anschutz公司的NPA-W1航迹舵,其采用卡尔曼滤波技术和多变量的最优控制技术,达到了较高的航迹控制精度。

自20世纪70年代起,国内一些科研院所、高校开展航向及自动舵的理论与开发工作,并取得了不少成果,如中国船舶总公司船舶系统工程部、中国船舶总公司707研究所、哈尔滨工程大学、上海交通大学、清华大学、华东船舶工程学院、武汉海军工程学院、华东理工大学、厦门集美大学航海学院等相关研究人员,发表了大量的关于航向及自动舵控制方法的论文,如航向自适应控制系统、智能控制系统、鲁棒控制系统、航向/横摇舵鳍联合控制系统等。

国内由于对于航迹控制及自动舵的研究起步较晚,与国外先进水平相比仍有较大的差距。主要表现在:航向舵仍然占主导地位,尚未形成成熟的航迹舵产品。目前装船使用的是船舶上带有航迹控制的自适应操舵仪,它最主要的特点是在导航系统和操舵仪之间添加了一个航迹控制模块,把导航定位和航迹保持、航向控制连成一体,无须人工介入就可保证船舶自动沿计划航线航行。

在船舶控制工程中,船舶的航向控制是最基本的。不论何种船舶,为了完成各种任务必须进行航向控制。图4-8所示为双桨双舵舰船。

图4-8　船舶舵位置示意图

船舶在航行过程中,希望它既具有良好的航向保持能力,又具有灵敏的机动性。最常用的航向控制装置就是舵伺服系统。船舶航向控制一般通过操纵舵的运动来完成。船舶的航向一般由罗经来测量。当船舶在海上航行时,在海风、海浪、海流的干扰作用下,船舶的航向将偏离给定的航向。这时,由罗经测得的航向与指定航向比较后,产生一个航向偏差信号,送入航向控制器。航向控制器根据航向偏差计算出所需的转舵舵角指令信号,舵伺服系统在舵角指令信号的作用下把舵转到所需的角度,在舵上产生的水动力与船舶到艏摇中心的力臂一起产生一个校正航向的控制力矩,通过舵和船舶一系列水动力作用,船舶开始改变航向。当船舶的航向与指令航向一致时,航向偏差为零,于是航向控制器输出零舵角指令信号,舵机使舵回到零位,船舶保持在指令航向上航行。因此,海浪、海风和海流等扰动使船舶航向偏离指令航向时,航向控制系统可使船舶回到指令航向上。船舶航向保持控制系统方框图如图 4-9 所示。设船舶航向指令为船舶航向保持控制系统的输入信号,船舶实际航向为系统输出量。

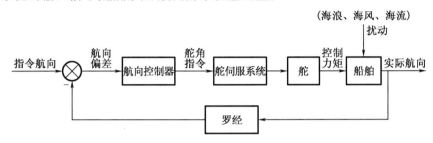

图 4-9　船舶航向控制系统方框图

　　针对普通船型的船舶航向控制技术,各国已有相当深入的研究,并将控制技术应用到船舶航向控制中,如 PID 控制、鲁棒控制、基于 LMI 的鲁棒容错控制、变论域模糊-最小二乘支持向量机复合控制、鲁棒神经网络控制、自适应鲁棒 Backstepping 控制、变结构模糊自适应鲁棒控制等。同时引进了现代自动控制技术,使得各种自动舵系统更加成熟。

　　本书编者及其团队针对航向控制中舵角产生的幅度与速率饱和现象,设计了静态抗饱和综合控制,给出了抗饱和补偿器同时满足鲁棒稳定和鲁棒 L_2 性能的充分性条件,并且将抗饱和补偿器的设计问题转化为 LMI 约束的凸优化问题,解决了船舶航向保持和航向改变操纵运动中舵角与舵角速率的饱和问题。

　　分析了船舶航向控制系统的故障模式及故障原因,构建了系统的故障树模型,并对故障树进行了定性分析,选用多项式核函数、径向基核函数和 Sigmoid 核函数构造不同的 SVM 算法,建立船舶航向控制系统故障的 SVM 预报模型。

　　针对船舶航向控制系统中存在的不确定性和控制系统的实时性要求,提出了基于鲁棒最小二乘支持向量机航向保持控制器,将支持向量机辨识器与控制器与 H_2/H_∞ 鲁棒控制算法相结合,克服了因广义干扰给系统控制效果带来的负面影响,具有良好的控制性能。

4.4　船舶航向-舵/翼舵控制系统

　　航向控制主要是通过操舵运动来实现的,在船舵设计中,要求舵装置尽可能将船舶的前进推力转变为船舶转动的横向力,横向力与推力之比越大,产生的转舵力矩越大。

从哥汀根空气动力实验室所做的第一个有系统的机翼实验资料中,我们知道机翼可达到的升力,即横向力,与机翼拱度的关系为,在一定范围内、同一角度下所达到的升力值随拱度增大而增大,升阻比(升力系数与阻力系数之比)在大多数情况下也有所改善。机翼拱度这一效果被造船工作者利用到船舵设计中,即产生了船用襟翼舵。

然而,对于目前工程中应用的襟翼舵来说,舵与翼舵之间是线性传动关系,驱动舵面至某一角度,翼舵角度随之确定,即舵和翼舵之间具有确定的转角比,因此未能充分发挥翼舵效能,达到最佳的节能效果。舵/翼舵控制系统将舵和翼舵作为两个相互独立的控制面,通过优化设计舵角/翼舵角智能分配规则,使舵的运动幅度尽可能减小,所需控制力矩由翼舵运动完成,从而降低系统能耗;当船舶在恶劣海况下航行,通过舵和翼舵的联合运动,获得较大的扶正力矩,使自动舵系统的航向控制能力加强。

船舶航向 – 舵/翼舵控制系统原理结构如图 4 – 10 所示,航向智能鲁棒控制器由航向鲁棒调节器、舵角/翼舵角智能决策器组成。航向鲁棒调节器根据航向检测装置得到的航向角偏差计算出所需的艏摇控制力矩,舵角/翼舵角智能决策器根据控制力矩值实时地计算出所需的舵角和翼舵角,再通过舵伺服系统和翼舵伺服系统驱动舵和翼舵转动相应的角度,产生相应的控制力矩,实现对船舶航向的控制。舵/翼舵产生的控制力矩值是舵角/翼舵角的二元函数,在所需某一艏摇控制力矩时,有多组甚至是无穷多组舵角/翼舵角与之对应。在满足"系统能耗最小"的条件下,研究给出舵角/翼舵角智能决策器。在综合考虑系统能耗、舵机和翼舵机对舵角和翼舵角的限制等因素下,采用改进的遗传算法优化舵角和翼舵角指令信号,实现舵角/翼舵角分配规则。

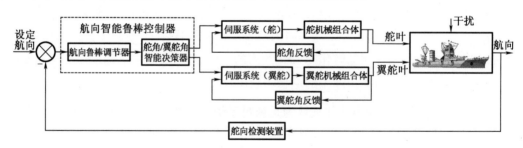

图 4 – 10　船舶航向 – 舵/翼舵控制系统原理结构图

刘胜教授及其团队对船舶航向 – 舵/翼舵控制系统进行了深入的研究。

建立了舵/翼舵水动力特性数学模型。对水动力系数图谱进行了数据采样和回归模型的参数拟合,给出了用于工程设计的水动力特性数学模型。为了充分发挥舵/翼舵的效能,将舵和翼舵作为两个相互独立的控制面进行控制设计。

针对同一控制力矩有多种不同的舵角/翼舵角组合与之对应的情况,提出了"系统驱动能量最小"原则下的舵角/翼舵角分配规则。采用遗传算法对舵角/翼舵角进行了优化。

设计了船舶航向控制系统的状态反馈 H_∞ 鲁棒控制器和 μ 综合鲁棒控制器。对于船舶航向控制系统而言,采用舵/翼舵能够取得良好的航向控制效果和节能效果。

4.5　大型船舶航向/航迹智能容错控制系统

　　船舶航迹控制要求舵机操舵克服外界海洋干扰环境的影响把船舶的运动轨迹控制在预定的航迹上。换言之,航迹自动舵的指令舵角控制律应该是以航向偏差、艏摇角速度和航迹偏差为自变量的非线性函数映射。船舶航迹控制可以分为两大类:一类是通过航向调整,间接式地进行航迹控制,结构采取舵角控制内环、航向控制中间环和航迹控制外环的嵌套形式,最终实现船舶航迹控制,具有便于航向、航迹两种模式切换和工程技术成熟的优点,但精度略低;另一类是航向、航迹综合控制方式,实质是综合船舶航向、航迹控制器的功能,直接实现舵角到航迹的控制律,虽航迹控制精度有所提高,但系统耦合性强、调试难度极大,运行的灵活性较差。

　　具有四桨-两舵配置的大型船舶,由于故障或遭受攻击导致部分螺旋桨、舵发生损坏,进而引起船舶航行性能发生很大的变化,为了保证大型船舶的基本航行性能以及生命力和战斗力,有必要开展大型船舶部分螺旋桨、舵损坏后的容错控制研究。船舶操纵极其重要,航向/航迹控制系统故障比汽车方向盘失灵更为可怕,可以设想一艘船舶航向控制系统不幸发生故障,在茫茫大海除了等待救援,只能无奈地随波逐流、漂浮不定,不仅会造成巨大的经济损失,甚至存在触礁、搁浅等危险,尤其在狭窄水道或复杂水域,船舶航向失控的后果更是难以预料。目前,大部分的海损事故都与船舶航向控制系统故障有关。2009 年 3 月,法国"戴高乐"号核动力航空母舰的螺旋桨动力推进系统传动轴发生故障,导致该航母在几周甚至几个月内无法运行,该情况若换在战时将是致命的、毁灭性的灾难。2009 年 8 月 31 日,驶往澳大利亚的 PACIFIC NAVI 号大型船舶在常熟段附近,舵机失灵偏离航道撞上锚泊的水阳江 588 号船舶,造成了被撞船倾覆的灾难。工程系统中,故障诊断和容错控制能力往往被认为是衡量系统可靠性的关键指标之一。为了保障船舶在海上航行的安全性、操纵性和经济性,航向/航迹控制一直以来都是船舶控制领域中的一个重要研究课题。同时,研究舰船航行控制系统智能故障诊断技术与容错控制理论,对于提高舰船的航行性能,保证舰船的全天候航行安全及远洋能力,提高舰船有效航速和机动性,准确沿着预定航线快速驶往作战海域,提高武器射击的命中率和攻击能力,占据有利阵位,规避敌舰攻击,提高舰船战斗力,以及战场生存能力等具有举足轻重的意义。

　　大型船舶航向/航迹智能容错控制系统主要由智能诊断单元、容错控制智能决策单元、容错控制单元、航迹、航向控制器等部分构成。智能诊断单元实时采集系统的航向、航迹以及舵、桨指令信号和工作状态信息,经数据预处理后,采用 FNN 智能故障诊断算法进行故障诊断,并向容错控制智能决策单元提供系统的运行故障信息。智能容错系统的协调主要由容错控制智能决策单元处理,调度算法采用分步容错控制策略,结合状态反馈重构容错控制器、伪逆法重构控制器和鲁棒容错控制律,用以完成大型船舶航向/航迹系统故障工况下的系统控制律切换和重构容错任务。大型船舶航向/航迹智能容器控制系统设计框图如图4-11所示。

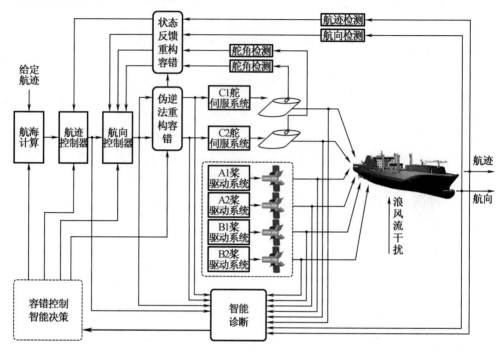

图4-11　大型船舶航向/航迹智能容错控制框图

刘胜教授及其团队所研究的大型船舶航向/航迹智能容错控制系统主要单独设计四桨-两舵正常工况下的 H_2/H_∞ 鲁棒控制器、四种主要故障工况下相应的鲁棒容错控制器、基于模糊神经网络的智能故障诊断单元,以及基于状态反馈法和伪逆法的重构容错控制算法。大型船舶航向/航迹智能容错控制系统设计流程图如图4-12所示。图中虚线表示存在数据信息交互过程。

针对船舶航向/航迹系统存在参数不确定性、理论建模误差和外界干扰随机性的特点,设计了基于 H_2/H_∞ 鲁棒控制器,与常规PID控制相比仿真结果航向均方差 STD(ψ) 值平均减小了约8.9%,舵角均方差 STD(δ) 值平均减小了约14.6%,舵角速度也有所减缓,控制效果明显。

给出了系统传感器和执行器两类主要故障的统一数学模型描述和基于状态观测器的鲁棒容错控制器设计方法,并给出了执行器可重构的充要性条件证明。对于故障初期保证系统状态稳定或有界,为系统故障诊断机构和后期容错控制律重构调整,赢取了宝贵的处理时间。

提出了分步容错控制的思想,解决容错控制系统的综合与实现问题。设计了大型船舶航向/航迹智能容错控制系统,取得了更好的控制效果。

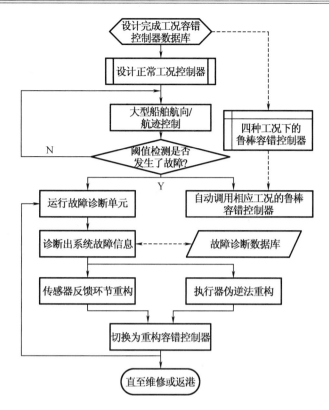

图 4 − 12　大型船舶航向/航迹智能容错控制系统流程图

大型船舶采取四桨 − 两舵方式配置,不但解决了执行器单机容量限制的问题,而且使其螺旋桨和舵在功能上具备了冗余度,提高了整个操控系统的可靠性,对大型船舶航向/航迹容错控制研究还提供了功能冗余的基础条件。解析容错控制策略能挖掘故障系统剩余完好器件的功能冗余潜能。研究部分桨、舵损坏情况下利用剩余完好翼面及系统部件,发挥其在功能上的冗余度,改变控制律,重新分布力和力矩的作用,补偿故障的损失。大型船舶航向/航迹智能容错控制对提高系统鲁棒性、容错性、可靠性具有理论意义和工程应用价值。

4.6　船舶航向/横摇联合控制系统

舵减摇技术是船舶艏摇/横摇联合控制的基础。随着科学技术的发展,人们对操舵运动对船体运动的影响有了更为深入的了解,特别是船体艏摇、横摇对操舵运动的分频现象被揭示后,舵减摇技术日益受到关注。1972 年,Cowley 和 Lambert 首次提出舵减摇的设想。同年,舵作为横摇稳定装置在一艘商船上取得了成功。1974 年,美国泰勒舰船研究中心(DTNSRDC)开始了对军舰采用舵减摇装置的可行性研究。1976 年和 1979 年,

DTNSRDC 分别在两艘"HAM170N"舰上进行舵减摇的海上实验获得成功,减摇效果近50%。1980年,Baitis 对舵减摇进行了实验研究,在手动控制保持航向的基础上叠加了舵阻摇控制信号,也取得了令人鼓舞的结果。此后,荷兰的 Van Amerongen,Van der Klugt,丹麦的 Blanke 和英国的 Katebi 等众多学者投入到了舵减摇的研究中。20 世纪 80 年代后期,舵减摇装置的研究取得了大量理论与海试实验成果。1981年,Kallstrom 采用多变量线性二次型控制理论对舵、鳍实施综合控制,模拟试验表明,可在控制航向与减摇两方面同时取得优异性能。法国的"戴高乐"号航母就装备了舵鳍联合减摇设备。研究表明,美国海岸警卫队 901 级舰设计的舵/鳍联合减摇系统的减摇率较艏摇、横摇互相独立控制时要最多高出 26 个百分点。实际系统中,船舶的艏摇、横荡和横摇具有非常强的非线性和耦合性,单纯的航向、横摇单回路控制规律对于耦合模型并不适用,因此,研究船舶航向/横摇 – 舵/鳍联合减摇控制技术对于船舶航行的准确性、安全性、船员工作及武备的使用有着极强的现实意义。

船舶航向/横摇 – 舵/翼舵 – 鳍/翼鳍控制系统原理结构框图如图 4 – 13 所示,航向/横摇智能鲁棒控制器由航向/横摇鲁棒调节器、舵角/翼舵角智能决策器和鳍角/翼鳍角智能决策器组成。航向/横摇鲁棒调节器根据航向检测装置和横摇检测装置得到的航向角偏差和横摇角计算出所需的艏摇控制力矩和横摇控制力矩。

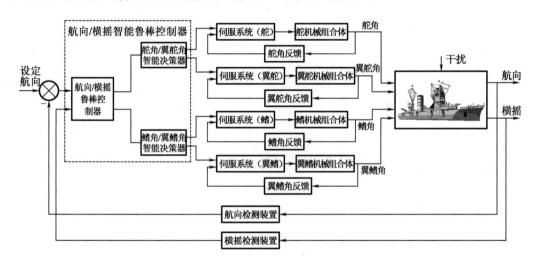

图 4 – 13 船舶航向/横摇 – 舵/翼舵 – 鳍/翼鳍控制系统原理结构框图

刘胜教授及其团队对船舶航向/横摇 – 舵/翼舵 – 鳍/翼鳍控制系统进行了研究。提出了应用回归建模理论建立舵/翼舵、鳍/翼鳍水动力系数计算模型的方法,建立舵/翼舵、鳍/翼鳍水动力系数回归模型,根据舵/翼舵、鳍/翼鳍水动力系数图谱,拟合得到回归模型的参数,并对模型进行显著性检验,得到可用于工程计算的数学模型。

建立了舵/翼舵(鳍/翼鳍)驱动能量方程,从分析舵机和翼舵机(鳍伺服系统和翼鳍伺服系统)所需克服的负载力矩入手,由负载力矩对舵角、翼舵角(鳍角、翼鳍角)的积分,得到舵/翼舵(鳍/翼鳍)驱动能量表达式。

提出了"系统驱动能量最小"原则下的舵角/翼舵角(鳍角/翼鳍角)智能优化分配规则,由于针对同一扶正力矩值,有多种不同的舵角/翼舵角(鳍角/翼鳍角)组合与之对应,而不同的舵角/翼舵角(鳍角/翼鳍角)组合对应的系统能耗是不一样的,通过建立舵角/翼舵角(鳍角/翼鳍角)分配规则,并采用基于不可行度的改进遗传算法(IFD – IGA)优化舵角/翼舵角(鳍角/翼鳍角),得到"系统能耗最小"的舵角/翼舵角(鳍角/翼鳍角)最优组合,实现系统的有效节能。

针对船舶操纵控制系统存在的模型不确定性和干扰的随机性,分别采用 H_2/H_∞ 鲁棒控制方法和 μ 鲁棒控制方法设计了船舶航向控制系统和航向/横摇综合控制系统,充分利用舵/翼舵对横摇的减摇作用,提高了航向/横摇控制精度,增强了系统的鲁棒性能。

采用舵/翼舵 – 鳍/翼鳍控制在保持良好的航向控制效果的同时,能够取得更好的减摇效果。船舶航向/横摇 – 舵/翼舵 – 鳍/翼鳍智能鲁棒控制系统充分发挥了舵/翼舵对横摇的减摇作用,与航向、横摇单独控制时相比,在保持较高航向控制精度的同时,明显改善了减摇效果。多种海情、不同浪向下的仿真结果验证了系统的鲁棒性。

4.7 舰载捷联式猎雷声呐稳定控制系统

海洋是国家安全的主要方向。海上安全维系着国家未来重大的生存和发展利益,没有海上安全就没有国家安全。过去,我国所受到的外来侵略主要来自海上;现在,国家在安全上所受到的威胁依然来自海上。要保障国家的安全,首先要重视海上的安全。海洋不仅是陆地上的战略接替区,而且是陆地利益延伸和发展的重要空间。自改革开放以来,我国海上利益从陆地延伸到近海,又从近海扩大到远海,再从海洋发展到世界各地。随着海洋利益的延伸和发展,必然会产生各种各样的矛盾。可以说,国家利益之所在,就是矛盾之所在,就是安全之所在。从某种程度上讲,谁要赢得海上利益的竞争,就必须要赢得海上的安全。

我国海域辽阔,海岸线曲折,水道、港口、锚地众多,近岸又属大陆架结构,水浅、潮差小、海底平坦,是理想的水雷战场。可以预见,在未来的反侵略战争中,海上进行水雷战是不可避免的,如果没有先进的反水雷装备和作战部队,则海上防御是不完备的,即使具有先进强大的导弹舰艇和潜艇战队,在水雷威胁下,也将寸步难行。由此,战时的反水雷作战将直接影响到我国反侵略战局的发展。目前,我国反水雷装备与世界先进水平差距很大,尤其在猎雷系统方面还是空白领域,远远不能适应未来反侵略战争的需要。

水雷是一种隐藏在水中的兵器,由于其具有良好的隐蔽性、使用方便、爆破威力大等特点,自诞生以来就被广泛地应用于战争。水雷布设在自己的海域,可以构成防御水雷障碍,封锁海峡、水道,加强抗登陆防御;布设在敌人海域,可以构成攻势水雷障碍,封锁敌基地、港口和水道以切断海上交通,打击和限制敌舰艇的战术活动,有利于自己舰艇打击敌人。水雷按其在海洋中布放的位置,可分为浮雷、锚雷和沉底雷。由于水雷尺寸小,通常目标回波强度也很小,并涂覆非反射材料或吸声材料以减弱目标强度,所以不易于发现。并且随着电子技术的发展和水雷引信装置的智能化不断提高,增加了多种抗扫功能,使得传统的扫雷方法日益暴露出其盲目性、被动性、危险性和局限性。为了保证战略航道畅通,各国的海军不断研究各种反水雷的方法,对水雷的探测和识别也越来越引起世界海军国家的重视。

"声呐"(SONAR)是声音、导航、测距三个英文字母的缩略语,是利用水中声波进行探测、定位和通信的电子设备。采用猎雷声呐是各国海军经过长期的探索而找到的一种有效的新的反水雷手段。猎雷声呐对水雷进行探测的目的是对水雷进行搜索、识别和定位,最终将其消灭。它是利用安装在船底部声呐基阵腔内的声呐发射的声波,经目标反射后成像在显示屏上,从而确定水雷的存在位置。

猎雷声呐基阵是猎雷声呐的载体,带动声呐运动。猎雷声呐基阵每个轴上都装有一套驱动旋转运动的伺服系统。猎雷声呐对水雷扫描时,声呐基阵在稳定控制系统的作用下,一方面抵消舰艇的艏摇、横摇和纵摇运动对其姿态的影响,保持自身相对地理坐标系的稳定姿态,另一方面根据指令信号在方位和俯仰自由度上转动,达到相对地理坐标系的指定姿态,从而达到使声呐显示出稳定清晰图像的目的,稳定平台如图4-14所示。猎雷声呐基阵稳定控制系统性能的好坏及控制精度将直接影响声呐探测、识别和定位水雷的准确性和成功率。舰载捷联式猎雷声呐,其基阵和船硬性连接,控制系统要实现隔离舰船摇摆运动对声呐基阵的影响,使得声呐基阵控制稳定在指令信号位置。

图4-14 猎雷声呐稳定平台实物图

猎雷声呐一般由基阵、电子机柜和辅助设备三部分组成。基阵由水声换能器以一定几何图形排列组合而成,其外形通常为球形、柱形、平板形或线列形,有接收基阵、发射基阵或收发合一基阵之分。电子机柜一般有发射、接收、显示和控制等分系统。辅助设备包括电源设备、连接电缆、水下接线箱和增音器,与声呐基阵的传动控制相配套的升降、回转、俯仰、收放、拖曳、吊放、投放等装置,以及声呐导流罩等。

哈尔滨工程大学自动化学院"猎雷声呐稳定控制系统"课题组提出了"捷联式"猎雷

声呐基阵稳定控制系统的控制方案,取消了机械稳定平台。基阵有三个转动轴,用一个轴的转动来实现基阵对纵摇的稳定和俯仰运动的控制,把基阵的方位轴与艇体硬性连接,随艇体一起摇摆,靠基阵自身的转动来实现稳定舰艇纵摇、横摇导致的基阵方位轴、横滚轴和俯仰轴相对地理坐标系的倾斜和完成基阵的方位角和俯仰角指向控制运动。显然,从系统运动学的角度来看,用基阵绕自身转轴转动的方法来实现稳定控制更易于工程实现和保证稳定控制精度。

捷联式猎雷声呐基阵结构原理图如图 4 − 15 所示。整个猎雷声呐基阵固定安装于猎雷艇下方,随舰艇一起运动。基阵本身是一个三轴框架结构,三轴框架分别是绕 α 运动的外框架、绕 β 轴运动的中框架和绕 γ 轴转动的内框架。

捷联式猎雷声呐基阵稳定控制系统主要具有两个功能:一方面它将隔离艇的纵摇、横摇、艏摇三个摇摆运动对基阵姿态的影响,将艇的三个摇摆运动分解在基阵的三个转轴上,以补偿对基阵姿态的影响,使其相对大地坐标稳定;另一方面要根据指向控制信号将基阵驱动到预期的位置。为了实现这两个功能,就要求在艇作摇摆运动条件下,根据俯仰和方位指向控制信号,得到三个轴伺服系统的指令信号,即建立数学平台的数学模型。数学平台的作用,就是给出俯仰、横滚、方位三个轴伺服系统的指令信号,使基阵的姿态相对地球物理坐标系保持不变。

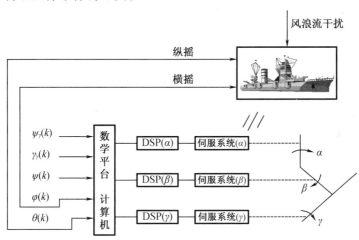

图 4.15　舰载捷联式猎雷声呐基阵稳定平台结构图

猎雷声呐有三个轴,β 轴的转动实现基阵对纵摇的稳定和俯仰运动的控制,取消了机械稳定平台,把基阵的方位轴与艇体硬性连接,随舰艇一起摇摆,依靠具有三个自由度转动的基阵转动和"数学平台"来实现稳定舰艇纵摇、横摇及艏摇导致的基阵方位轴、俯仰轴及横滚轴相对地球坐标系的倾斜,并完成基阵的方位角和俯仰角指向运动控制。将基阵方位角和俯仰角伺服系统指令信号与显控台发出的基阵指向信号、舰艇横摇、纵摇及艏摇运动之间的函数关系建立数学模型并存入数学平台计算机,构成"数学平台"。

根据平台罗经送来的艇的横摇、纵摇、艏摇信号经变换得到相应的数字量,将其与显控台送来的基阵俯仰角指向信号和弦向角指向信号,一起送入计算机,经坐标变换后得到 α、β、γ 三个回路伺服系统的转角指令信号,并分别送入三个回路伺服系中的数字信号处理器 DSP,同时 DSP 也将收到由基阵每个轴上的旋变发送机测得的基阵实际转角,并经变换、处理后得到三个回路所需的控制误差信号,经数模转换、校正放大,驱动电机并经减速器带动基阵沿着所期望的方向和位置转动,直至转到所要求的位置。

捷联式猎雷声呐基阵姿态稳定控制系统的研制成功,填补了国内空白,该项目获得了部级科学技术奖。首次提出并建立了捷联式猎雷声呐控制系统的数学平台。

设计和研制了 PWM BLDC 位置伺服系统。进行了电磁兼容和冗余设计。提出了一种具有可调参数的鲁棒输出跟踪控制律,不仅可以保证系统指数输出跟踪,而且闭环系统状态有界。由于可调参数的引入,改善了系统的跟踪暂态性能,且可以通过适当选取,使系统的控制精度和能量消耗得到合理折中。设计了具有干扰解耦合不确定性补偿的猎雷声呐基阵鲁棒控制策略。

研究了 H_∞ 控制在声呐基阵伺服系统鲁棒控制中的应用,提出了解决猎雷声呐基阵伺服系统在结构上与标准 H_∞ 控制问题相悖之处的解决办法。在奇异 H_∞ 控制问题的摄动解法基础上,提出了奇异 H_∞ 控制问题对象再次增广的具体实现方式。

4.8　多体船运动姿态水翼控制技术

随着航运事业的发展以及人们对海洋资源的开发利用,人们对各种运载工具的性能要求也逐渐地发生变化。高性能船舶的研制引领了世界造船业的发展,出现了各种各样的高性能船,如高速多体船,包括双体船、小水线面双体船、穿浪船、复合型双体船等;典型的高速双体船由两个瘦长的单体船(称为片体)组成,上部用甲板桥连接。高速双体船由于把单一船体分成两个片体,使每个片体更瘦长,从而减小了兴波阻力,使其具有较高的航速,目前其航速已普遍达到 35~40 kn;由于双体船的性能明显优于单体船,且具有承受较大风浪的能力,因而被世界各国广泛应用于军用和民用船舶。多体船具有较好的横稳性,在恶劣海情下有义横摇角能减小到 15% 左右。但是在迎浪行驶时,多体船纵向运动受海浪干扰比较严重,为了提高多体船的航速和纵向稳定性,通过增设固定式水翼来提高双体船的性能,在航行过程中随着航速的提高,依靠水翼的动升力来承担一部分静水浮力,在抬升船体同时较大幅度地减小船的排水体积和湿面积,从而减少摩擦阻力和兴波阻力获得更高的航速并且改善多体船的纵向运动。

国外在多体船及水翼多体船的技术发展比较早,不但有普通双体船的下水使用,也有许多加装水翼自动控制系统的双体船成功下水的应用实例。

挪威 Kvcerner Fjellstrand 公司于 1991 年为"飞猫"型水翼双体船设计了一种水翼自动控制助航系统,并对其进行了海上航行试验。该水翼自动控制助航系统主要由可控襟翼、计算机、传感器、液力耦合系统、控制屏和监测器构成。新自动助航系统的利用,使得"飞猫"能以良好的"掠海飞行"姿态航行,高速航行时船体脱离水面 0.6 m。1993 年该集团为香港远东水翼公司建造两艘 35 m 水翼双体船"日星"号和"祥星"号,如图 4-16 所示。

图 4-16　"日星"号水翼双体船

日本日立造船公司于 1993 年开发的超级喷水 30 型(Superjet - 30)装配有襟翼自动控制系统。定级为 JG 级(二级船),满足近海要求。艏艉全宽水翼在高速航行时承受约 80% ~90% 全船重量,提高自身稳定性。水翼因其阻尼效应非常明显地减低了船的摇动,通过控制水翼上的襟翼,可使船减低船舶摇动强度,比通常的双体船减低约 87.5%。前水翼的襟翼可控制船的垂向运动和补偿随旅客数量变化而变化的船舶重心漂移。该公司称,水翼助航双体船在不使用襟翼控制系统时可以将纵摇减低至普通双体船的 50% 左右,使用襟翼控制系统可以降至 10% 左右。1993 年底该系统投入日本国内航运。

美国海军已成功完成了"海行者"号水翼双体船技术演示舰的初步海试。该演示舰融合了先进的水下抬升体技术。美海军研究局的 X - Craft 高速演示艇也将应用这种抬升体技术。"海行者"号演示舰是一种复合抬升体船型,融合了水翼艇的高速性能和 SWATH 的稳定性能。宽 13.1 m,吃水 5.63 m,轻载排水量为 270 t,满载排水量为 340 t,最大速度 30 kn。安装有 170 t 的水下抬升体和新型推进器、船尾水下横向水翼和可控制前后颠簸与摇摆的先进航向控制系统。抬升体是水下附加物,具有弧线形水翼横截部分,在高速航行时可产生动升力。与传统水翼不同,抬升体能够为舰艇提供 30% ~70% 的浮力,从而大大增加舰艇的运载能力,同时在舰艇高速航行时可减少船体和波浪的接触,并减小阻力。此外,抬升体也能够提供足够的空间安装推进装置,并容纳了航行控制系统四个控制副翼中的两个,"海行者"号演示舰的抬升体使舰艇随着速度的增加,船体浸没深度不断发生变化,在最大速度时可以完全将船体抬离水面,"飞行"在水面上。在高速航行时,抬升体、船尾横向水翼和航行控制系统联合为舰艇提供升力和稳定性。"海行者"号水翼双体船已装备服役。

在增设水翼提高船的航速的同时,也带来了一定的问题,船体的抬升导致了其自身稳性的恶化,并且使得船体容易受到外界如风、浪、流等的干扰,使船在迎浪高速行驶时船的升沉运动剧烈,这将降低船的适航性。多体船在直航时的横向摆摇较单体船有很大的改善,但在机动回转的过程中,不可避免的会产生一定的倾斜和摇摆,这将影响船的航行品质。所以需要对多体船增设的水翼结构做一些改进或利用自动控制方法来提高其适航性。

水翼双体船具有两个片体。两片体呈深 V 形,并具有如利剑似的非常尖和高的侧影。两片体顶部由甲板连接,两面体底部由两副水翼系统连接。前水翼安装在水翼双体船前部,后水翼安装在水翼双体船尾部。水翼系统呈 π 型结构,由固定式水翼和对称安装在固定水翼两端的水翼支柱组成。水翼系统通过两侧的水翼支柱与两片体连接。水翼双体船整体呈现出左右对称结构,如图 4 - 17 所示。

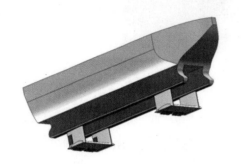

图 4 - 17　水翼双体船结构图及水翼柱翼原理样机

船舶在航行过程中的运动状态情况如示意图 4 - 18 所示。其中船舶纵摇/升沉、回转/横倾两部分是多体船运动姿态水翼控制中需要重点考虑的。

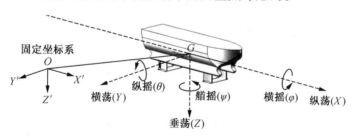

图 4 - 18　船舶各方向状态运动

为了提高水翼多体船的适航性以及机动性能,以及对襟尾翼和柱翼的有效控制来实现水翼双体船在有效范围内可以稳定的达到任意航向角和横倾角的控制目的。需要对多体船水翼/柱翼联合控制系统结构进行必要的分析,首先介绍船型、水翼和柱翼的整体结构,如图 4 - 19 至图 4 - 21 所示。

水翼多体船高速翼航工况下,纵摇/升沉前后襟尾翼控制系统原理图如图 4 - 22 所示。纵摇/升沉智能控制器包括纵摇/升沉调节器和前后襟尾翼差动分配器。纵摇升沉智能控制器根据纵摇升沉状态估计器得到纵摇角、纵摇角速度、升沉位移、升沉速度四个状态变量计算所需的纵摇扶正控制力矩,前后襟尾翼角差动分配器根据所需纵摇扶正力矩值给出实时的前后襟尾翼的角度指令信号,送入襟尾翼伺服系统中驱动襟尾翼转动产生相应的扶正力控制力矩,实现对水翼多体船纵摇升沉运动的控制。襟尾翼角差分配器产生的襟尾翼角指令信号分别送入到前后水翼双侧襟尾翼伺服系统,通过检测襟尾翼角度,送入到同步补偿控制器,实现双侧襟尾翼的同步运动控制。

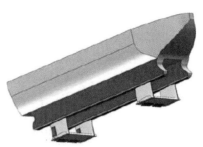

图 4 – 19　水翼双体船整体结构及水翼/柱翼安装示意图

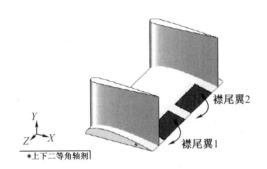

图 4 – 20　前水翼结构图

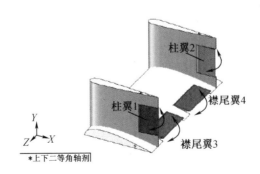

图 4 – 21　后水翼结构图

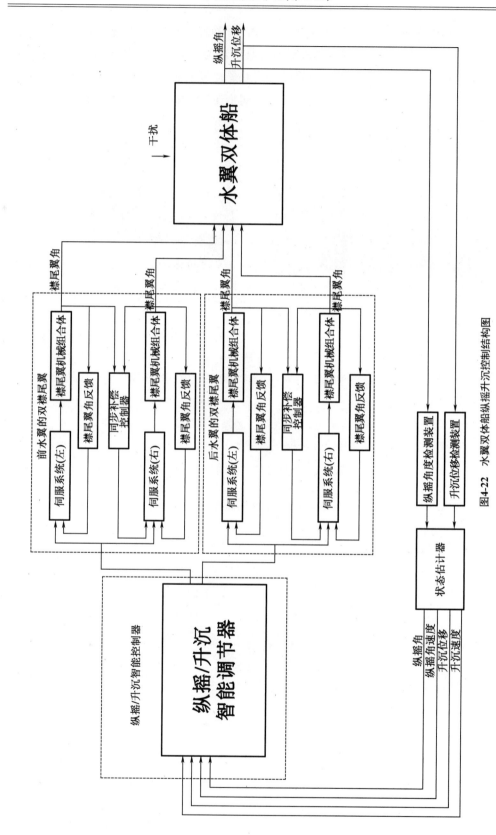

图4-22　水翼双体船纵摇升沉控制结构图

　　水翼多体船机动回转工况下,回转横倾－水翼/柱翼联合智能控制系统原理结构图如图 4－23 所示。回转/横倾智能控制器包括回转/横倾智能调节器、左右襟尾翼角差动分配器和柱翼角分配器。回转/横倾智能控制器根据回转横倾状态估计器得到的横倾角、横倾角速度、回转角、回转角速度四个状态变量计算出所需的回转力矩和横倾控制力矩。分别将给出所需的襟尾翼角度和柱翼角度指令信号送入襟尾翼和柱翼伺服系统中,驱动襟尾翼和柱翼做相应的转动,产生相应的回转和横倾控制力矩。实现水翼多体船的回转和横倾控制。

　　刘胜教授及其团队对水翼双体船六自由度姿态稳定控制进行了深入的研究。

　　针对固定式水翼不能很好地控制水翼双体船的纵摇/升沉运动,提出了水翼附加可控式襟翼的控制系统技术方案,通过前后襟翼的协调控制,对双体船的纵摇/升沉实施稳定控制。针对水翼双体船航向保持和航向改变中出现的问题,采用于前后水翼安装对称襟尾翼,后水翼支柱安装对称柱翼舵结构,给出了水翼双体船水翼/柱翼联合控制系统的技术方案。

　　给出了水翼双体船纵摇/升沉运动耦合的二自由度数学模型,建立适于控制策略设计的状态空间方程。

　　针对水翼双体船在航向保持运动中,模型存在的摄动的问题,设计了含微分不确定项的混合鲁棒控制器,降低了因微分不确定项带来的控制器保守性。

　　针对水翼双体船的定常回转运动,从理论上推导了水翼双体船回转直径与柱翼舵舵角和横倾角之间的数学关系,为协调水翼双体船的操纵性和舒适性奠定了基础。

　　设计了水翼双体船纵摇/升沉运动控制策略,利用鲁棒 H_2/H_∞ 理论设计控制器,解决当模型中存在参数不确定性的控制问题,而且能够达到比较好的效果,满足升沉位移降低 55%,纵摇角降低 50%。

　　采用在线性鲁棒控制器的基础上加入增益调度控制器的新方法,得到新的非线性控制器,解决水翼双体船纵摇/升沉运动的非线性控制问题,能够使水翼双体船在典型工作点外进行纵摇/升沉运动控制。

　　针对水翼双体船回转/横倾运动,利用 Lyapunov 直接法和模糊控制方法设计回转/横倾控制器。仿真验证了该控制器可以满足水翼双体船对机动性和安全性的要求。

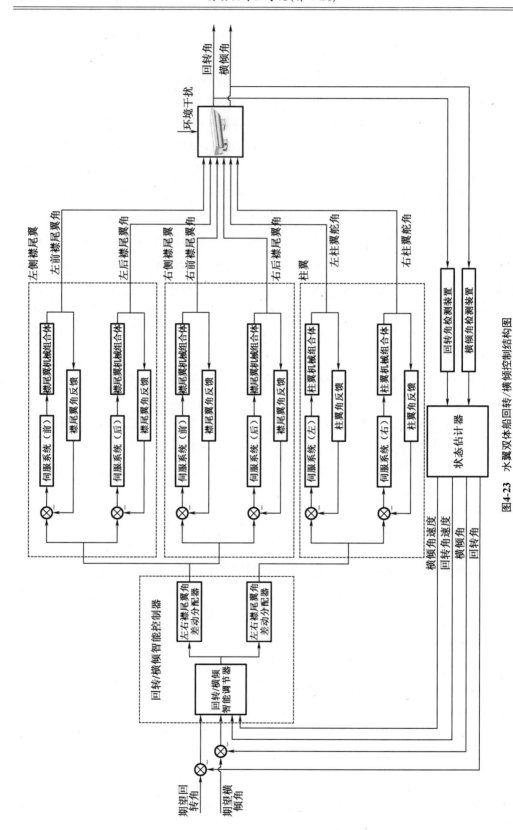

图 4-23　水翼双体船回转/横倾控制结构图

4.9　船舶动力定位系统

随着世界经济的发展,能源和资源问题日趋尖锐,过去不为人们重视的海洋,现在已成为国际激烈争夺的领域。由于海洋环境复杂多变,如果没有先进的技术和设备来装备船舶,即使面对丰富的海洋资源,人们也只能望洋兴叹。因而对于许多海上作业船来说,动力定位系统(dynamic positioning system , DPS)已成为必不可少的支持系统。

动力定位系统是一种闭环控制系统,它无须借助锚泊系统的作用,而能不断检测出船舶的实际位置与目标位置的偏差,再根据风、浪、流等外界扰动力的影响计算出使船舶恢复到目标位置所需推力的大小,并对船舶上各推力器进行推力分配,进而使各推力器产生相应的推力,使船尽可能地保持在要求的位置上。其优点是定位成本不会随着水深增加而增加,并且操作方便,移动迅速,因此对动力定位系统的研究也就具有越来越重要的意义。

动力定位是一项高新而成熟的技术,是 20 世纪六七十年代海洋石油和天然气勘探工业快速发展的必然结果。世界上第一艘满足动力定位概念的船舶是 Eureka,由 Howard Shatto 于 1961 年设计制造。该船配有一个最基本的模拟控制系统,位置基准系统采用的是张紧索。除主推外,从船头到船尾配有多个可控推进器。船长为 130 ft(1 ft = 0.304 8 m),排水量为 450 t。20 世纪 70 年代末期,动力定位系统已经发展成为很完善的技术。1980 年,具有动力定位能力的船舶数量为 65 艘;到 1985 年,该数量已增加到 150 艘;2002 年,这一数量更是超过了 1 000 艘。

目前,全世界已有 2 000 多艘具有动力定位能力的船舶,它们中的一大部分都从事与勘探或石油和天然气开发相关的工作。然而,采用动力定位系统的船舶是多种多样的。在过去的二十多年里,动力定位不只是应用于近海石油和天然气工业的相关领域,在其他很多领域同样发挥着重要作用。例如,钻岩、钻探、潜水支持、铺缆、铺管、水道测量、挖泥采砂、平台支持、反水雷等,都要用到动力定位系统。近海石油和天然气工业的需求对动力定位提出了新的要求,再加上近来需要在更深的海域和更恶劣的环境定位,以及需要考虑环保和友好的控制方式,这都引起了动力定位技术和新产品的快速发展。

可见,现在动力定位系统已变得更为尖端、复杂,而且更加可靠。随着计算机技术的迅猛发展,有些船舶已经采用了最新的动力定位系统,位置参考系统和其他的外围设备也都在不断地改进,而且所有为执行高危险作业而设计的船舶都应用了冗余技术。深海石油和天然气产业已经为高效安全地海上作业提出了全新的需求,因此下一步需要考虑适应性更强的控制方法应用于深海和恶劣海洋环境中,这就为动力定位带来了广阔的发展前景。

目前,哈尔滨工程大学、上海交通大学、中船重工 708 所等高等院校和科研院所相继开展了动力定位系统相关技术的研究工作。研究主要集中在模糊控制、神经网络、遗传算法等智能控制方法的研究上,使动力定位系统的控制趋向于智能化、自适应化,而不依赖于数学模型的准确性和传感器对环境要素的精确测量。

动力定位控制系统如图 4 - 24 所示。动力定位的基本原理,是利用测量系统检测出在外界风、浪、流的扰动力作用下,船只的水平漂移量和方位偏差量,经信号处理后输入电子计算机,用专门的软件进行分析计算后,向船上安装的各推力器输出指令,使之发出相应的推力,与环境扰动力达到静态平衡,使船舶回复到(或保持在)原来设定的位置和方向上。动力定位系统是一个闭环调节系统。

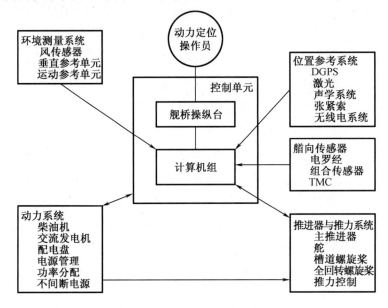

图 4 - 24　动力定位控制系统组成

船舶动力定位系统是一系列船用系统的综合,通常其主要由测量系统、控制系统和推进器系统三个主要部分组成,其结构框图如图 4 - 25 所示。

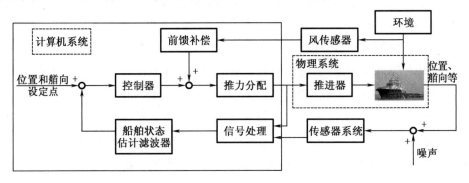

图 4 - 25　动力定位系统原理结构图

其中,由计算机组成的控制系统是整套系统的核心部分。船舶的位置和艏向通过船舶模型、位置参考系统和电罗经的测量以及状态观测器估计获得。控制器给出的推进器指令是基于当前估计状态与期望状态的偏差和控制算法计算得到的,最终由推进器系统为船舶提供抵抗外界环境力所需的推力和转矩。对于传感器测量获得的信号,由于其测量值中含有因测量噪声和船舶纵、横摇所引入的干扰,因此需要经过信号预处理来剔除相应的错误信号值并进行纵横摇补偿。船舶状态估计滤波器除了给出船舶状态的估计值外,还兼具滤除海浪高频干扰的作用。动力定位系统综合利用传感器、位置参考系统以及船舶模型的相关信息进行运动控制。通常采用的动力定位控制方法是基于位置和艏向偏差的反馈控制,为了补偿静态环境干扰,可以适当地引入积分作用,对于风作用力采用前馈控制算法。对于控制器给出的合力/力矩指令,则通过推力分配解算以转速、方向角、舵角以及螺距等指令形式发送到各个推进器单元。

为了描述动力定位系统的组成及各个组成部分的内部关系,通常将系统划分成七个部分。

1. 计算机

运行动力定位控制软件的处理机通常被称作动力定位计算机。对于操作员来说,主要区别在于计算机的数目、操作的方法和冗余的级别。在所有的动力定位船舶中,动力定位控制计算机主要负责动力定位功能,而不负责其他任务。

动力定位系统控制器的主要功能如下:

(1)处理传感器信息,求得实际位置与艏向精确值。

(2)将实际位置与艏向同给定值相比较,产生误差信号。

(3)计算力和力矩的三个指令(两个位置指令和一个艏向指令),使误差的平均值减小到零。

(4)计算抗风力和力矩,提供风变化的前馈信息。

(5)将前馈的风力和力矩信息叠加到误差信号所代表的力和力矩信息上,形成总的力和力矩指令。

(6)按照逻辑将力和力矩指令分配给各个推进器。

(7)将推力指令转换成推进器指令,如转速和螺距等。

以上这些功能每秒要完成 1～2 次,因此计算机必须具备高速运算的能力。

控制器除了发出推进器指令来抵抗环境因素的干扰外,还要起到下列重要作用:

(1)补偿动力定位系统所固有的滞后,以免造成不稳定的闭环动作(稳定性补偿)。

(2)消除传感器的错误信号,防止推进器做不必要的运转(推进器调制)。

综合考虑稳定性补偿、推进器调制以及动力定位系统对环境因素干扰的响应时间,这对控制器的设计提出了苛刻的折中设计要求。这种折中涉及如何在推进器调制量的范围内获得最优的响应时间,并以足够的稳定裕度去补偿系统的不稳定性和非线性。

2. 控制台

驾驶控制台是供操作员发送和接收数据用的设备,上面放置了所有的控制输入端、按钮、转换开关、指示器、报警器和显示器。在一艘设计精良的船上,位置参考系统控制面板、推进器面板和通信设备就位于动力定位控制台附近。

动力定位控制台不总是位于艏驾驶室,对于许多船,包括大多数近海供应船,其动力定位控制台都是位于艉驾驶室,对着船尾。穿梭油轮的动力定位系统可能位于船首控制室的位置,尽管大多数新建的油轮都将动力定位系统安装到驾驶室上。动力定位控制台最不理想的位置是在不透光的隔间里,一些老式的钻井平台就属于这种情况。

3. 位置参考系统

位置参考系统能以一定的速率和精度提供所需的信息,以便控制器计算出推进器指令,去抗衡环境因素的作用,使船舶完成预定的任务。对于动力定位系统而言,一个特别的要求是需要有一个合适的位置参考系统,使其能够在船工作的所有时间提供所需要的全部测量量。

位置参考系统的数目取决于很多因素,包括作业的危险程度、冗余等级、测量系统的实用性和一个或多个位置参考系统发生故障时的影响等。动力定位系统使用的位置参考系统有很多种,最常用的是 DGPS、声学定位系统(HPR)、张紧索等。

(1) DGPS

由空间卫星系统、地面监控系统和用户接收系统组成,能够迅速、准确、全天候地提供定位导航信息,是目前应用比较广泛、精度也比较高的定位系统。

(2) 声学系统

将一组发射器或接收器按一定几何形状形成基阵布置在船上,也可以布置在作为动力定位基准坐标的海底上。前者为短基线系统,后者为长基线系统。系统依靠声信号从发射器经过水传播给接收器,然后根据接收到的信号计算出船体的位置。声学系统在较长的一段时间内有比较好的精确度,但会有瞬时或短时间的干扰。

(3) 张紧索

在船体和海底之间安装一根钢索,测量其在恒张力情况下的倾斜度,然后根据船体、钢索以及海底所构成的几何图形求解船体所在的位置。由于水流的存在将会导致张紧索在长时间段的偏移,因此其精度不如声学系统。

4. 艏向传感器

动力定位船舶的艏向信息由一个或多个陀螺罗经测量出来,并被传递给动力定位控制系统。对于存在冗余的船舶,要配备两个或三个陀螺罗经。陀螺罗经是一种利用陀螺特性,自动找北并跟踪地理子午面的精密导航仪器,已被广泛地应用在各类船舶上。

目前,艏向测量系统一般都选用电罗经。电罗经的寿命较长,而且其海上使用技术成熟,完全适用于近海船舶动力定位系统。

5. 环境测量系统

引起船舶偏离其设定位置/艏向的力主要来自于风、浪和流的作用。海流测量仪可以为动力定位控制系统提供前馈信息,但其造价较高,尤其是在有较高可靠性要求时,因此很少使用。流的作用力一般变化比较缓慢,故完全可以用控制器中的积分项来补偿。

动力定位控制系统没有为波浪提供专门的补偿器。实际上,波浪的发生频率太快,对个别波浪提供补偿是不可行的,而且作用力太大。波浪产生的漂移力变化缓慢,在控制系统中以流或海洋力的形式出现。

所有的动力定位系统都有风传感器。风传感器的作用是测出风速和风向,以便控制器计算出前馈的推进器指令。换言之,测得的数据用来估计风对船的作用力,并允许它们在引起船的位置和艏向改变之前就对其进行补偿。风传感器很重要,因为较大的风速或风向变化是定位中的主要干扰因素。风前馈可以迅速产生推力来补偿检测到的风速/风向变化产生的干扰。很多动力定位控制系统还配有手动控制(操纵杆)的风补偿设备,为操作员提供了一个环境补偿操纵杆控制的选择方式。

6. 推进系统

动力定位系统的另一个单元是推进器。船的实际动力定位能力是由它的推进器提供的。推进器的基本功能是提供反抗环境干扰因素的力和力矩,以便使船处于规定的作业区域内。选择推进器时要推敲的因素有很多,其中有些是以特定制造厂的经验为依据的。

安装于动力定位船舶上的推进器有主推进器、槽道推进器、全回转推进器、吊舱推进器和喷水推进器等。

7. 动力系统

动力定位系统还有一个重要的支持系统,这就是动力系统。实际上,动力系统可以和推进器一并考虑。动力系统关系到推进器原动机的型号,从而影响推进器的选择。

推进器往往是动力定位船舶上消耗功率最大的部件。由于天气条件的迅速变化,动力定位控制系统将需要较大的功率变化。功率生成系统必须在必要时灵活迅速地提供功率,而避免不必要的燃料消耗。许多动力定位船舶安装了柴 - 电动力装置,所有的推进器和功耗部件都通过柴油机驱动交流发电机而产生的电来推动。柴油机和交流发电机就是所谓的柴油发电机装置。

动力定位控制系统通过配备一个不间断电源来预防干线电力故障。系统还具有一个不受船舶交流电的短期中断或波动影响的稳压电源,为计算机、控制台、显示器、警报器和测量系统供电。当船的主交流电供应中断时,不间断电源能为所有这些用电系统供电至少 30 min。

目前 DP 主要由国外海洋工程设备厂家所垄断,主要的厂家有:Kongsberg、L3、Navis、MT、Twin disc、Converteam、Beier Radio、Rolls - Royce。其中,Kongsberg 所占市场最大,每年约 60 套,已经安装了 1 500 艘船,也是最早进入中国市场的厂家。L3 和 Navis 是第二梯队,Navis 已在全球安装约 600 艘船。Rolls - Royce 是国际上最大全回转推进器的生产厂家,全回转推进器的功率从 900 kW 到 5 000 kW,可安装在各种船型上。Wartsila,Schottel 和川崎也是全回转推进器的主要生产厂家,电力驱动可达 7 000 kW,可安装在各种船型上。

　　目前,国外各主要 DP 厂家的产品均符合 IMO 及主要船级社的要求,均能提供三个等级的产品,其产品均能提供手动、半自动和自动三种操作方式,对船舶的位置和艏向的控制可单独进行或两者同步进行。由于各家公司设计理念及产品用途的不同,产品的配置也不完全一样,但大体上均包括操控台、控制和信号处理单元、测量系统、动力推进系统和网络等。这些动力定位系统均具有开放性的结构,能够实现船舶位置和航向的高精度保持。目前最先进的 DP 可以在 2 级流、6 级风的海况下实现 0.35 m 的位置定位精度、0.1°的艏向保持精度和 1 m 的航迹保持精度。2001 年 5 月在挪威船舶展览会上,著名的 Kongsberg Simrad 公司展出了一项新产品 – 绿色动力定位系统。绿色动力定位系统的产生在减少燃料消耗和温室气体排放方面,是动力定位控制系统的一次革命,是一种保护自然环境而又实现动力定位的行之有效的方法。

　　哈尔滨工程大学自 1983 年开始在我国率先开拓了船舶动力定位技术领域。构建了包括内场半实物仿真试验和外场海上试验条件在内的完整的实验体系,已开发出系列化产品,并已应用于深潜救生、海洋考察、海底管线探测等领域;创新研制出浮力定深技术,保证了救生艇首次在南海对接救生成功。其整体水平处于国际先进水平。

　　2014 年,我国首套具有自主知识产权的 HDP3 动力定位控制系统工程样机在哈尔滨工程大学诞生。与原船安装的 Kongsberg 的 KPOS2 进行了比对,结果表明:哈尔滨工程大学研制的 HDP3 控制系统控位性能和定点回转性能优于 KPOS2 系统。

第5章　自动化科学技术在其他领域中的应用

5.1　工业自动化

自动化科学技术是当代发展迅速、应用广泛、引人瞩目的技术之一,是推动新的技术革命和新的产业革命的核心技术。自动化科学技术在工业生产、船舶工业、交通运输、农业生产、环境保护、医药卫生、国防工业、航空航天、科学研究、办公服务、家庭生活等关系到人类生产生活的各个领域都得到了广泛的应用。在某种程度上,可以说自动化是现代化的同义词。

5.1.1　制造业自动化

制造业自动化的概念是一个动态发展过程。过去,人们对自动化的理解或者说自动化的功能目标是以机械的动作代替人力操作,自动地完成特定的作业。这实质上是自动化代替人的体力劳动的观点。后来随着电子和信息技术的发展,特别是随着计算机的出现和广泛应用,自动化的概念已扩展为用机器(包括计算机)不仅代替人的体力劳动而且还代替或辅助脑力劳动,以自动地完成特定的作业。但今天看来这种概念仍不完善。把自动化的功能目标看成是用机器代替人的体力劳动或脑力劳动是比较狭窄的理解,这种理解甚至在某种程度上阻碍自动化科学技术的发展。

实际上,今天的制造业自动化已远远突破了上述传统概念,具有更加宽广和深刻的内涵。制造业自动化的广义内涵至少包括以下几点。

在形式方面,制造业自动化有三个方面的含义:代替人的体力劳动;代替或辅助人的脑力劳动;制造系统中人、机及整个系统的协调、管理、控制和优化。

在功能方面,制造业自动化代替人的体力劳动或脑力劳动仅仅是制造业自动化功能目标体系的一部分。制造业自动化的功能目标是多方面的,已形成一个有机体系。

采用自动化技术,能缩短产品制造周期,产品上市快,提高生产率;采用自动化技术能提高和保证产品质量;采用自动化技术能有效地降低成本,提高经济效益。利用自动化技术,更好地做好市场服务工作,利用自动化技术,替代或减轻制造人员的体力和脑力劳动,直接为制造人员服务。制造业自动化应该有利于充分利用资源,减少废弃物和环境污染,有利于实现绿色制造。

在范围方面,制造自动化不仅涉及具体生产制造过程,而且涉及产品生命周期所有过程。制造业自动化是自动化技术的热点研究问题和主要应用领域,以下介绍制造业自动化的几个主要方面。

1. 设计自动化

设计自动化是制造业自动化中的一项重大发展。计算机辅助设计(CAD)是工程技术人员以计算机为工具,用各自的专业知识,对产品或工程进行总体设计、绘图、分析和编写技术文档等设计活动的总称。一般认为,CAD 的功能可归纳为四大类:建立几何模型、工程分析、动态模拟、自动绘图。为完成这些功能,一个完整的 CAD 系统起码应由人机交互接口、科学计算、图形系统和工程数据库系统等组成。CAD 可被用于各个行业,现在比较成熟的通用设计软件有 AutoCAD 等。计算机辅助工艺过程设计(CAPP)是根据产品设计所给出的信息进行产品的加工方法和制造过程的设计。一般认为,CAPP 系统的功能包括毛坯设计、加工方法选择、工序设计、工艺路线制定和工时定额计算等。其中,工序设计又可包含:装夹设备选择或设计、加工余量分配、切削用量选择以及机床、刀具和夹具的选择、必要的工序图生成等。

计算机辅助制造(CAM)是指计算机在产品制造方面有关应用的总称。CAM 有广义和狭义之分,广义 CAM 一般是指计算机辅助进行的从毛坯到产品制造过程中的间接和直接的所有活动,包括工艺准备、生产作业计划、物料作业计划的运行控制、生产控制、质量控制等;狭义 CAM 通常仅指数控程序的编制(又称数控零件程序设计)。

简单说来,CAD 就是用计算机绘制图纸来代替人工绘图,CAPP 就是用计算机进行生产计划来代替人工生产计划,CAM 就是用计算机预定机器运行轨迹来代替人工操作机器运行。

2. 柔性制造系统(FMS)

柔性制造(FM)是机械、微电子和计算机等高新技术的综合,它把物料流、能量流和信息流融为一体。因而具有对加工工件品种和批量变化的自动适应能力,即所谓"柔性"。工业发展的历史表明要使生产能迅速适应产品更新、市场变化、投入广、运行快、产出多,多品种、小批量的要求,最佳途径是采用柔性制造。

柔性制造技术是对各种不同形状加工对象实现程序化柔性制造加工的各种技术的总和。柔性制造技术是技术密集型的技术群,凡是侧重于柔性,适应于多品种、中小批量(包括单件产品)的加工技术都属于柔性制造技术。"柔性"是相对于"刚性"而言的,传统的"刚性"自动化生产线主要实现单一品种的大批量生产。其优点是生产率很高,由于设备是固定的,所以设备利用率也很高,单件产品的成本低;但刚性的大批量制造自动化生产线只适合生产少数几个品种的产品,难以应付多品种中小批量的生产。

随着社会进步和生活水平的提高,市场更加需要具有特色、符合顾客个人要求样式、功能千差万别的产品。传统的制造系统不能满足市场对多品种小批量产品的需求,这就使系统的柔性对系统的生存越来越重要。随着批量生产时代正逐渐被适应市场动态变化的生产所替换,一个制造自动化系统乃至一个企业的生存能力和竞争能力在很大程度上取决于它所具有的柔性,即它是否能在很短的开发周期内,生产出较低成本、较高质量的不同品种产品的能力。柔性自动化已占有相当重要的位置。

柔性制造的主要特色是"柔性"。柔性可以表述为两个方面:第一方面是系统适应外部环境变化的能力,可用系统满足新产品要求的程度来衡量;第二方面是系统适应内部变化的能力,在有干扰(如机器出现故障)的情况下,这时系统的生产率与无干扰情况下的生产率期望值之比可以用来衡量柔性。柔性包括了机器、工艺、产品、维护、生产能力、扩展能力、运行能力的柔性等几个方面。

柔性制造技术按应用规模大小又可分为柔性制造单元(FMC)、柔性制造线(FML)、柔性制造系统(FMS)和柔性制造工厂(FMF)。其中,柔性制造系统是一个由计算机集成管理和控制的、用于高效率地制造中小批量多品种零部件的自动化制造系统。

3. 并行工程

1988 年,美国国防分析研究所(TDA)以武器生产为背景,对传统的生产模式进行了分析,首次系统化地提出了并行工程的概念。几年来,并行工程在美国及西方许多国家十分盛行,已成为制造自动化的一个热点。

20 世纪 90 年代是信息时代,更确切地说是知识的时代。大量新知识的产生,促使新知识的应用的更迭周期越来越短,技术的发展越来越快。如何利用这些技术提供的可能性,抓住用户心理,加速新产品的构思及概念的形成,并以最短的时间开发出高质量且价格能被用户接受的产品,已成为市场竞争的焦点。而这一焦点的核心是产品的上市时间。并行工程作为加速新产品开发过程的综合手段迅速获得了推广,并行工程已成为20世纪90年代制造企业在竞争中赢得生存和发展的重要手段。

所谓并行工程是集成地、并行地设计产品及相关过程,包括制造过程和支持过程的系统化方法。这种方法要求开发人员在设计一开始就考虑产品整个生命周期从概念形成到产品废弃处理的所有因素,包括质量、成本、进度计划和用户要求,而不是已经做到哪一步,再考虑下一步怎么走。·

传统的产品开发模式为功能部门制,信息共享存在障碍;串行的流程,设计早期不能全面考虑产品生命周期中的各种因素;以基于图纸的手工设计为主,设计表达存在二义性,缺少先进的计算机平台,不足以支持协同化产品开发。全球化大市场的形成,要求企业必须改变经营策略:提高产品开发能力、增强市场开拓能力;但传统的产品开发模式已不能满足激烈的市场竞争要求,因而提出了并行工程的思想。并行工程是一种企业组织、管理和运行的先进设计、制造模式;是采用多学科团队和并行过程的集成化产品开发模式。它把传统的制造技术与计算机技术、系统工程技术和自动化技术相结合,在产品开发的早期阶段全面考虑产品生命周期中的各种因素,力争使产品开发能够一次获得成功。从而缩短产品开发周期、提高产品质量、降低产品成本、增强市场竞争能力。一些著名的企业通过实施并行工程取得了显著效益,如波音公司(Boeing)、洛克希德·马丁公司(Lockheed Martin)、雷诺(Renauld)、通用电力公司(GE)等。

传统产品开发过程信息流向单一、固定,以信息集成为特征的 CIMS 可以支持、满足这种产品开发模式的需求。并行产品的设计过程是并发式的,信息流向是多方向的。只有支持过程集成的 CIMS 才能满足并行产品开发的需求。

并行工程具有以下特点:

(1)强调团队工作(Team work)精神和工作方式;

(2)强调设计过程的并行性;

(3)强调设计过程的系统性;

(4)强调设计过程的快速"短"反馈。

利用并行工程对改造传统产业有重要作用,并将对提高我国企业新产品开发能力、增强其竞争力具有深远的意义。

4. 敏捷制造

敏捷制造(AM)是 1991 年美国亚柯卡 Iacocca 研究所主持的 21 世纪发展战略讨论会历时半年形成的一份著名报告中,总结经济发展现状、展示未来而提出来的一种先进制造技术。应用这种先进制造技术的企业就称为敏捷制造企业。参加这次讨论会核心组的有美国 13 家大企业的行政首脑,而参加讨论的则有 100 多家企业及著名的咨询公司。

目前,敏捷制造(AM)还没有公认的定义。美国敏捷制造概念的提出者将敏捷制造定义为能在不可预测的持续变化的竞争环境中使企业繁荣和成长,并具有面对顾客需求的产品和服务驱动的市场做出迅速响应的能力。

前面我们已经提到,如何适应用户不断变化的要求,从而开发他们定制的"个性化"产品,在某种意义上来说,已是 21 世纪企业产品未来发展的方向。毫无疑问,技术的发展及市场的竞争、危机与机遇并存。一方面随着技术发展速度的加快,人们对新产品不断增加的追求,将给企业提供空前的机遇;另一方面随着技术装备及工具软件的日新月异,开发周期越来越短,有同样加工能力的企业日益增多,竞争将更加激烈。竞争使得产品生产的批量越来越小,过去适宜大批量生产的刚性生产线,越来越不适应新的形势。企业将原有的刚性生产线改成柔性生产线,或能迅速将企业的组织及装备重组,以对市场变化做出敏捷的反应,源源不断地生产出用户所需求的"个性化"产品。而一旦发现单独不能做出敏捷反应时,能够通过信息高速公路的工厂子网与其他企业进行合作,从组织跨专业的开发组到动态联合公司,来对机遇做出快速响应。这就是敏捷制造的理念。

敏捷制造企业具备以下特点。

(1)具有能抓住瞬息即逝的机遇,快速开发高性能、高可靠性及顾客可接受价格的新产品的能力。在这里,抓住机遇和快速开发是具有决定性意义的,因为失去了第一个投放市场,往往就意味着整个开发工作的失败。

(2)具有发展通过编程可重组的、模块化的加工单元的能力,以实现快速生产新产品及各种各样的变形产品,从而使生产小批量、高性能产品能达到大批量生产同样的效益,以期达到同一类产品的价格和生产批量无关。为此,要把目前的大规模生产线,改造成具有高度柔性、可重组的生产装备及相应的软件。

(3)具有按订单生产,以合适的价格满足顾客定制产品或顾客个性产品要求的能力。

(4)具有企业间动态合作的能力。这是因为产品越来越复杂,以致任何一个企业都不可能快速且经济地设计、开发和制造一个产品的全部。只有依靠企业间的合作才能快速投放市场。

(5)具有持续创新的能力,创新是企业的灵魂,是一个企业具有竞争能力的体现。但创新是不可预见的,因此要创造一种企业文化,最大限度地调动员工的积极性,来控制创新的不可预见性,这将是敏捷制造企业的一个重要标志。

(6)把具有创新能力和经验的员工看成是企业的主要财富,而把对员工的培养和再教育作为企业的长期投资行为。

(7)和用户建立一种完全崭新的"战略"依存关系。企业不仅要保持售后产品的档案,提供周到的售后服务,保持在整个生命周期内用户对产品的信任,而且要为用户提供适当费用的升级、升档服务,以及以旧换新等。用这样的一种和用户相互依存的关系,来确保已有的市场,并在此基础上进一步扩大市场,这就是企业的销售战略。

敏捷制造提出的时间还很短,尚未形成一个公认的系统框架。但它将成为 21 世纪制造企业的新模式。敏捷制造企业较柔性制造、并行工程阶段的制造企业又有了进一步的提升,更强调企业结盟,即我们所说的系统集成。对企业内,CIMS 要有效地支持敏捷制造,必须发展一种高鲁棒性的集成技术,可以在不中断系统的情况下,修改软件系统;对企业外,发展建立在网络基础上的集成技术,包括异地组建动态联合公司、异地设计、异地制造等有关的集成技术,在信息高速公路中建立工厂子网,乃至全球企业网,作为系统集成的主要工具。

5. 仿生制造

模仿生物的组织结构和运行模式的制造系统与制造过程称为仿生制造(Bionic Manufacturing)。它通过模拟生物器官的自组织、自愈、自增长与自进化等功能,以迅速响应市场需求并保护自然环境。

制造过程与生命过程有很强的相似性。生物体能够通过诸如自我识别、自我发展、自我恢复和进化等功能使自己适应环境的变化来维持自己的生命并得以发展和完善。生物体的上述功能是通过传递两种生物信息来实现的。一种为 DNA 类型信息,即基因信息,它是通过代与代的继承和进化而先天得到的;另一种是 BN 类型信息,是个体在后天通过学习获得的信息。这两种生物信息协调统一使生物体能够适应复杂的和动态的生存环境。生物的细胞分裂、个体的发育和种群的繁殖,涉及遗传信息的复制、转录和解释等一系列复杂的过程,这个过程的实质在于按照生物的信息模型准确无误地复制出生物个体来。这与人类的制造过程中按数控程序加工零件或按产品模型制造产品非常相似。制造过程中的几乎每一个要素或概念都可以在生命现象中找到它的对应物。

就制造系统而言,现在已越来越趋向于大规模、复杂化、动态及高度非线性化。因此,在生命科学的基础研究成果中吸取富含对工程技术有启发作用的内容,将这些研究成果同制造科学结合起来,建立新的制造模式和研究新的仿生加工方法,将为制造科学提供新的研究课题并丰富制造科学的内涵。此外,进行与仿生机械相关的生物力学原理研究,将昆虫运动仿生研究与微系统的研究相结合,并开发出新型智能仿生机械和结构,将在军事、生物医学工程和人工康复等方面有重要的应用前景。

目前这方面的研究内容主要有:

(1)自生长成形工艺,即在制造过程中模仿生物外形结构的生长过程,使零件结构最外层各处形状随其应力值与理想状态的差距作自适应伸缩直至满意状态为止;又如,将组织工程材料与快速成型制造相结合,制造生长单元的框架,在生长单元内部注入生长因子,使各生长单元并行生长,以解决与人体的相容性和与个体的适配性及快速生成的需求,实现人体器官的人工制造。

(2)仿生设计和仿生制造系统,即对先进制造系统采用生物比喻的方法进行研究,以解决先进制造系统中的一些关键技术问题。

(3)智能仿生机械。

(4)生物成形制造,如采用生物的方法制造微小复杂零件,开辟制造新工艺。

仿生制造为人类制造开辟了一个新的广阔领域。仿生制造中不仅是大自然,而且是开始学习与借鉴他们自身内秉的组织方式与运行模式。如果说制造过程的机械化、自动化延伸了人类的体力,智能化延伸了人类的智力,那么,仿生制造则是延伸人类自身的组织结构和进化过程。

6. 智能制造

智能制造技术(IMT)源于人工智能的研究,它是20世纪90年代出现的制造技术新概念,强调"智能机器"和"自治控制",是与专家系统、模糊推理、神经网络等人工智能技术在制造中的综合。

近20年来,随着产品性能的完善化及其结构的复杂化、精细化,以及功能的多样化,促使产品所包含的设计信息和工艺信息量猛增,随之生产线和生产设备内部的信息流量增加,制造过程和管理工作的信息量也必然剧增,因而促使制造技术发展的热点与前沿转向了提高制造系统对于爆炸性增长的制造信息处理的能力、效率及规模上。目前,先进的制造设备离开了信息的输入就无法运转,如柔性制造系统一旦被切断信息来源就会立刻停止工作。可以认为,制造系统正在由原先的能量驱动型转变为信息驱动型,这就要求制造系统不但要具备柔性,而且还要表现出智能,否则是难以处理如此大量而复杂的信息工作量的。其次,瞬息万变的市场需求和激烈竞争的复杂环境,也要求制造系统表现出更高的灵活、敏捷和智能。因此,智能制造越来越受到高度的重视。

智能制造系统(IMS)是智能制造技术在机械制造生产中的具体应用。它是一种由智能机器和人类专家共同组成的人机一体化系统,突出了在制造诸环节中,借助计算机模拟人类专家的智能活动,进行分析、判断、推理、构思和决策,取代或延伸制造环境中人的部分脑力劳动,同时,收集、存储、完善、共享、继承和发展人类专家的制造智能。由于这种制造模式,突出了知识在制造活动中的价值地位,而知识经济又是继工业经济后的主体经济形式,所以智能制造就成为影响未来经济发展过程的制造业的重要生产模式。虽然目前智能制造尚处于概念和实验阶段,但各国政府均将此列入国家发展计划,大力推动实施。这也是制造技术发展,特别是制造信息技术发展的必然,是自动化和集成技术向纵深发展的结果。

7. 虚拟制造

20 世纪 90 年代以来,对市场的快速响应(交货期)在工业发达国家成为竞争的焦点,于是敏捷制造、智能制造、虚拟制造等新概念、新的生产组织方式、新的生产模式相继出现。企业的柔性和快速响应市场的能力成为竞争能力的主要标志,知识的创新和获取、信息的交流和技术的合作,将是 21 世纪市场竞争的热点问题。制造业的企业不仅追求技术创新,而且重视管理创新、组织创新、机制创新和生产模式创新,以此不断推进全球制造业的技术进步与发展。虚拟制造 VM（Virtual Manufacturing）就是根据企业竞争的需求,在强调柔性和快速的前提下,于 20 世纪 80 年代提出的,并随着计算机技术,特别是信息技术的迅速发展,在 20 世纪 90 年代得到人们的极大重视,获得迅速发展的。

虚拟现实技术 VRT（Virtual Reality Technology）是虚拟制造的关键技术,是在为改善人与计算机的交互方式,提高计算机可操作性中产生的,它是综合利用计算机图形系统、各种显示和控制等接口设备,在计算机上生成可交互的三维环境(称为虚拟环境)中提供沉浸感觉的技术。这种系统就是虚拟现实系统 VRS（Virtual Reality System）。虚拟现实系统包括操作者、机器和人机接口三个基本要素。它不仅提高了人与计算机之间的和谐程度,也成为一种有力的仿真工具,既可以对真实世界进行动态模拟,又可以通过用户的交互输入,及时按输出修改虚拟环境,使人身临其境。

虚拟制造是一种新的制造技术,它以信息技术、仿真技术和虚拟现实技术为支持。可定义为是一个集成的、综合的可运行制造环境,用来提高各层的决策和控制。虚拟制造技术是在一个统一模型之下对设计和制造等过程进行集成,将与产品制造相关的各种过程与技术集成在三维的、动态的仿真真实过程的实体数学模型之上。其目的是在产品设计阶段,借助建模与仿真技术及时地、并行地、模拟出产品未来制造过程乃至产品全生命周期的各种活动对产品设计的影响,预测、检测、评价产品性能和产品的可制造性,等等。从而更加有效地、经济地、柔性地组织生产,增强决策与控制水平,有力地降低由于前期设计给后期制造带来的回溯更改,达到产品的开发周期和成本最小化、产品设计质量的最优化、生产效率的最大化。

因此,虚拟制造技术是由多学科知识形成的综合技术,其本质是以计算机支持的仿真技术为前提,对设计、制造等生产过程进行统一建模,在产品的设计阶段,实时地、并行地模拟出产品未来制造全过程及其对产品设计的影响,预测产品性能、产品制造技术、产品的可制造性,从而可以做出前瞻性的决策和优化实施方案,更有效、更经济、柔性灵活地组织生产。虚拟制造也可以对想象中的制造活动进行仿真,它不消耗现实资源和能量,所进行的过程是虚拟过程,所生产的产品也是虚拟的。

一般来说,虚拟制造的研究都与特定的应用环境和对象相联系,既涉及与产品开发有关的工程活动又包含与企业组织经营有关的活动。按照应用的不同要求而有不同的侧重点,因此出现了三个流派,即以设计为中心的虚拟制造、以生产为中心的虚拟制造和以控制为中心的虚拟制造。

虚拟制造技术的广泛应用将从根本上改变现行的制造模式,对相关行业也将产生大影响,可以讲虚拟制造技术决定着企业的未来,也决定着制造业在竞争中能否立于不败之地。

8. 网络化制造

信息革命促使制造业向全球方向发展,使现代企业呈现集团化、多元化的发展趋势。这些企业需要及时了解各地分公司的生产经营状况,同一企业不同部门、不同地区的员工之间也需要及时共享大量企业信息。企业和用户之间以及企业与其合作伙伴之间也存在着大量的信息交流。这就需要通过计算机网络的协调和操作,把分布在世界各地的制造工厂和销售点联结成一整体,以加快产品开发,提高产品质量和企业对市场的响应能力。正是基于这些新情况,我国的科技工作者已经创造性地提出了一种适合我国国情的新生产模式网络化制造。

企业信息涉及有关产品设计、计划、生产资源、组织等类型的数据,不仅数据量大,数据类型和结构复杂。而且数据间存在复杂的语义联系,数据载体也是多介质的。网络制造研究内容包括制造业内部的信息交流和共享,以及制造业的网络应用服务。

在信息技术的条件下,将分布于世界各地的产品、设备、人员、资金、市场等企业资源有效地集成起来,采用各种类型的合作形式,建立以网络技术为基础的、高素质员工系统为核心的敏捷制造企业运作模式,其关键技术主要有以下几种。

(1)分布式网络通信技术

Internet、Intranet、Web 等网络技术的发展使异地的网络信息传输、数据访问成为可能。特别是 Web 技术的实现,可以提供一种支持成本低、用户界面友好的网络访问介质,解决制造过程中用户访问困难的问题。

(2)网络数据存取、交换技术

网络按集成分布框架体系存储数据信息,根据数据的地域分布,分别存储各地的数据备份信息。有关产品开发、设计、制造的集成信息存储在公共数据中心,由数据中心协调统一管理,通过数据中心对各职能小组的授权实现对数据的存取。

(3)产品数据管理技术

制造环境中包含许多超越事务管理的复杂数据模型,需要进行特定的数据管理,包含设计、加工、装配、质量控制、销售等各方面的数据。

（4）协同工作技术

在一定的时间（如产品生命周期中一个阶段）、一定的空间（如产品设计师和制造工程师并行解决问题这一集合形成的空间）内，利用计算机网络，小组成员共享知识与信息，避免潜在的不相容性引起的矛盾。

（5）工作流管理

其主要特征是实现人与计算机交互时间结合过程中的自动化。制造系统通过因特网联系起来，在空间和功能上是分散的。可构建敏捷制造网络集成平台，利用企业内部局域网，负责企业的一切生产活动；利用互联网实现基于网络的信息资源共享和设计制造过程的集成，将有关企业和高校、研究所和研究中心等结合成一体，成立面向广大中小型企业的先进制造技术数据中心、虚拟服务中心和培训中心，开展网上商务。建立网络化制造工程的框架结构，包括基于 Intranet 的制造环境内部网络化和基于 Internet 制造业与外界联系的网络化。

基于网络的制造系统将实现远程数据处理，远程资源调用和对远程设备的操作、控制、加工过程检测，网上信息交流、共享与服务等问题。未来的研究将面向全球制造业的开放式系统及集成平台，开发协作式开放制造集成网络基础结构，研究基于信息高速公路的数据库技术、设备重组和资源重用，以及能自动进行产品建模的逆工程集成等技术，用面向对象的方法研究基于万维网的产品建模、生产管理和并行控制的方法和技术。

制造全球化的概念出于美日欧等发达国家的智能系统计划。近年来随着 Internet 技术的发展，制造全球化的研究和应用发展迅速。制造全球化包括的内容非常广泛，主要有：市场的国际化，产品销售的全球网络；产品设计和开发的国际合作；产品制造的跨国化；制造企业在世界范围内的重组与集成，如动态联盟公司；制造资源的跨地区、跨国家的协调、共享和优化利用。全球制造的体系结构将要形成。

制造业自动化新技术的蓬勃兴起，标志着传统制造业正在经历着深刻的变革。敏捷化是 21 世纪制造环境和制造过程的趋势；基于网络的制造，特别是基于 Internet／Intranet 的制造已成为重要的发展趋势；虚拟制造的研究正越来越受到重视，它是实现敏捷制造的重要关键技术，对未来制造业的发展至关重要；智能制造技术的宗旨在于通过人与智能机器的合作共事，去扩大、延伸和部分地取代人类专家在制造过程中的脑力劳动，以实现制造过程的优化。有人预测 21 世纪的制造工业将由两个"I"来标志，即 Integration（集成）和 Intelligence（智能）。近年来，一个新的绿色制造的概念已经提出，最有效地利用资源和最低限度地产生废弃物，是当前世界上环境问题的治本之道。制造业量大面广，对环境的总体影响很大。可以说，制造业一方面是创造人类财富的支柱产业，但同时又是当前环境污染的主要源头。有鉴于此，如何使制造业尽可能少地产生环境污染是当前环境问题研究的一个重要方面，绿色制造是现代制造业的可持续发展模式。

5.1.2　流程工业自动化

流程工业是指生产过程为连续生产（或较长一段时间为连续生产）的工业。包括在我国国民经济中占有重要经济地位的石化、炼油、化工、冶金、电力、制药、建材、轻工、造纸、采矿、环保等工业行业。流程工业是一个非常巨大的产业,其发展状况直接影响国家经济基础,是国家的主要基础支柱产业。

与离散的制造业相比,流程工业具有以下特殊性:

(1)生产流程连续,前后关联,许多中间过程的物料不能直接作为产品,装置停车损失很大。

(2)生产装置复杂、加工能力很强,物料量很大。

(3)绝大部分的物料只用仪表进行测量或通过分析仪表间接获得,不能人工计量。

(4)一般流程加工过程都有燃烧过程和三废排放,如果处理不彻底将对环境造成污染。

(5)多数流程加工工厂除生产主产品以外,还附带生产辅助产品,如炼油装置炼出汽油、煤油、柴油等外还生产沥青;发电厂除了发电以外还产生大量蒸汽可以利用等。

由此可见,流程工业生产过程的自动化有重要意义,但也相当困难。

随着流程工业生产过程日趋大型化、连续化、高速度和高质量,实现对生产过程中工艺的操作控制、异常工况的监视及安全保护,必须依靠自动化系统。

1. 流程工业先进控制

自动化技术在流程工业中的应用由来已久,并在许多场合取得了很好的效果。但又由于流程工业一般规模庞大,结构复杂,且具有不确定性、非线性、强耦合性等特性,往往以产品质量和工艺要求为指标的控制,常规控制方法难以胜任。为实现安全、平稳、高效生产的需要,作为提高企业经济效益和增强竞争力的重要对策,先进控制与优化在流程工业综合优化控制中起着承上启下的重要作用。国外从20世纪70年代末就开始了先进控制技术商品化软件的开发及应用,在DCS的基础上以实现优化控制和先进过程控制。在控制算法上,将控制理论研究的新成果,如多变量约束控制、各种预测控制、推断控制和估计、人工神经元网络控制和软测量技术等应用于工业生产过程,取得了明显的经济效益和社会效益。

目前,我国流程工业先进控制的应用和发展现状是:

(1)基于模型控制的理论体系已基本形成,出现了多约束模型预测控制的工程化软件包;

(2)专家控制系统:过程故障诊断,监督控制,检测仪表和控制回路有效性;

(3)神经网络:非线性过程的建模,软测量,控制系统的设计;

(4)模糊系统:模糊控制理论基础,表达不确定性知识;

(5)非线性控制:开发中,应用不多;

(6)先进控制还包括内模控制、自适应控制、增益调整、解耦控制,时滞补偿等;

(7)鲁棒控制是研究热点,但理论性太强,实际应用需做大量的改进和简化;具备鲁棒性的先进控制策略是重要的发展方向。

20 世纪 80 年代后期,随着计算机技术和网络技术的迅速发展,流程工业控制中出现了多学科间的相互渗透与交叉,信号处理技术、计算机技术、通信技术及计算机网络与自动控制技术的结合使过程控制开始突破自动化孤岛模式,出现了集控制、优化、调度、管理、经营于一体的综合自动化新模式。

2. 流程工业 CIMS

流程工业自动化技术的发展趋势是实现计算机集成制造系统 CIMS（Computer Integrated Manufacturing System）。流程工业 CIMS 的设计不仅要考虑现有的组织机构和人员配置的特点,而且要考虑各种状态和行为因素的影响,从流程工业企业实际需求出发,抓住生产"瓶颈",以经济效益为驱动,使其能够符合现代生产、管理、控制和技术等方面的需要,并不断推进流程工业 CIMS 工程的深入发展。

与国外 CIMS 的发展相比较,我国 CIMS 不仅重视了信息集成,而且强调了企业运行优化,并将计算机集成制造发展为以信息集成和系统优化为特征的现代集成制造系统（Contemporary Integrated Manufacturing System）。

目前,流程工业综合自动化技术已在底层过程控制系统的基础上,发展到生产、管理和经营的整体化,实现了过程控制系统、管理信息系统、办公自动化系统的有机结合,向企业综合自动化方向发展。

（1）流程 CIMS 的关键技术

先进控制策略与优化是流程 CIMS 的基础,也是产生直接效益的最有效手段,不但生产装置的安全、稳定、长周期、满负荷和优质运行需要通过它来保证,而且经营决策指令也需要由它来实现。因而,先进控制与优化是系统结构中的关键一环。

1980 年以来,流程型企业除了应用以 PID 控制策略为主体的常规控制外,已开始运用各种先进过程控制（APC）策略,主要包括以经典控制论为基础的前馈/滞后控制、解耦控制等,取得了明显的经济效益,APC 技术已成为过程控制的基础技术。在 APC 控制层之上,基于动态过程模型的流程模拟和在线优化技术,如多变量预估控制、模糊控制以及基于专家系统和神经网络理论的控制系统,已成为 20 世纪 90 年代重要的过程控制技术。采用 APC 技术,可减小操作的标准偏差,而在线优化可使操作趋向优化设定点,提高装置效益。先进控制与优化技术主要包括:过程建模技术、软测量技术、控制技术、过程优化技术、生产管理与调度技术。

（2）流程 CIMS 的框架结构

CIMS 框架结构是对 CIMS 构成方式的描述,通常需要几个视图才能描述清楚。

①功能视图

功能视图描述流程 CIMS 的功能组成。通常流程 CIMS 由管理信息子系统、生产自动化子系统、质量保证子系统、产品开发子系统、计算机网络子系统和数据库管理子系统构成。

管理信息子系统的核心技术为企业资源计划 ERP,主要实现决策层、管理层和调度层的管理任务,是流程 CIMS 的神经中枢,指挥和控制其他各子系统有条不紊地运转。

生产自动化子系统主要用于调度层、先进控制(优化控制)、过程控制层的管理和控制,主要负责生产任务按计划完成。

产品开发子系统主要用于负责对产品进行改进,以及开发新产品的任务。在 CIMS 系统中,可以通过对生产过程和实验过程中的参数进行分析,达到提高产品质量和开发新产品的目的。

质量保证子系统主要是采集、储存、评价及处理产品开发、生产过程中与质量有关的大量数据,从而获得一系列的控制环,并用这些控制环有效促进质量的提高,以实现生产高质量、低成本,提高企业的竞争力。

计算机网络子系统和数据库管理子系统是其他子系统的支持系统。

从功能视图上,离散 CIMS 和流程 CIMS 是几乎一样的,唯一的区别是产品开发子系统,离散 CIMS 的产品开发子系统通常是 CAD/CAPP 的设计系统,而流程 CIMS 的产品开发子系统通常是由实验室管理和数据处理组成。流程工业的产品多数是实验出来的,离散工业的产品是设计出来的。

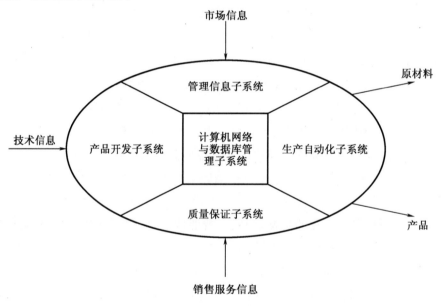

图 5 - 1　流程 CIMS 的功能视图

②递阶控制视图

一个流程企业的 CIMS,从厂长的宏观决策到岗位工人的具体操作,其基本的组织方式是递阶结构,一般可分为六层,即生产过程层、过程控制层、先进控制层、生产调度层、管理层和决策层,如图 5 - 2 所示。

生产过程层是生产的主体,原料从此处投入,产品从此处产出,它的起停、状态控制是由 DCS、FCS、PLC 控制的,负责对生产作业计划的执行。

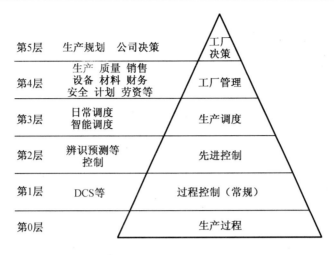

图 5－2　递阶控制视图

　　过程控制(常规)层在目前流程行业主要靠 DCS 来实现,因此底层的控制明显简单化了,它主要完成一些 PID 控制,还有一些略复杂一点的控制,它直接作用于生产过程。传统的 PID 控制仍是控制的基础,是见效果的部分。过去使用分块控制、局部和分散控制,弊病很多,既不稳定,又不便统筹监控。

　　先进过程控制 APC 层主要通过辨识、解耦、模式识别等先进控制、优化控制,对各工序进行高一级的控制,它运行在上位计算机上,作用于 DCS。它主要解决那些现场难以用一般控制来解决的难题,使用的主要是现代控制理论。这一部分控制的实施需要有一定的平台来支持,先进控制的工作难度大,它对生产模型的研究要求高,要求编制的先进控制软件比较完善,而常规 PID 控制等对模型的要求低。

　　生产调度层包括日常调度和智能调度。日常调度属于 MIS 的范畴,智能调度属于控制系统,因此生产调度处于 MIS 和控制之间。生产调度在流程行业是至关重要的,它时刻都在致力于保持、监控流程的均衡、稳定。智能调度是从控制的角度监视全厂的物料流向、物料平衡、能量平衡状况及设备运行工况,一旦不平衡要立即协调有关方面处理。日常调度比智能调度要宏观一些,它掌握生产现场一班、一天的情况或较重要的问题,并予以协调,上传下达,制订旬计划。

　　工厂管理层主要从生产计划、质量检测、设备维护、原材料供应、资金周转、成品计算、产品销售等方面对生产进行管理,确保生产的正常进行,主要采用 ERP 来实现。该层直接影响到管理效益的好坏。

　　决策层主要根据市场需求和企业的具体情况,制定企业的长远发展规划、技术改造规划、年度综合计划等战略决策。这个层次决定着企业的生死存亡。

　　③产品视图

　　流程 CIMS 的实施最终体现在对产品的集成和二次开发上,管理信息系统通常采用商业化的 ERP 产品,生产自动化子系统通常采用 DCS,数据库管理系统通常采用大型的关系型数据库管理系统,先进控制也有现场的产品,但是价格昂贵,在国内一般都自行研制。产品开发子系统通常需要进行二次开发。所有的产品通过数据库进行接口。流程CIMS 的产品视图如 5 - 3 所示。

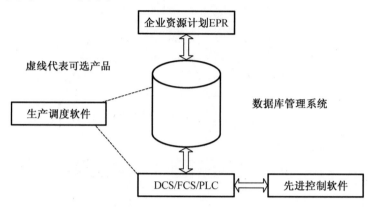

图 5 - 3 流程 CIMS 的产品视图

先进控制软件由于是实时控制软件,需要从 DCS 的数据库中直接取数并返回控制信息,所以直接与 DCS 中的实时数据库集成。先进控制软件与生产调度软件可以根据具体的行业和生产特点进行选取。

目前,在流程 CIMS 方面,尚无产品之间的集成标准,这给系统集成带来了很大的困难和工作量。建立流程 CIMS 的产品集成标准,有赖于各产品供给厂商的合作。

④计算机系统视图

流程 CIMS 通常采用客户/服务器结构三层体系结构,如图 5 - 4 所示。

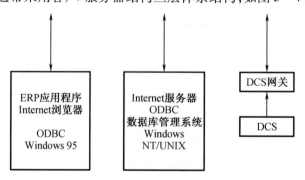

图 5 - 4 流程 CIMS 的计算机系统视图

在计算机系统方面,流程 CIMS 和离散 CIMS 没有区别。

主服务器一般采用高可用性的集群或双机热备份系统。通信协议一般采用 TCP/IP 或 NetBEUI 等。

⑤ERP 视图

CIMS 中的管理系统通常采用 MRPII,ERP 等商业软件,流程 CIMS 和离散 CIMS 的相同之处是总账、工资、固定资产、采购、销售、人力资源、应收账、应付账等,不同之处主要在生产计划与控制方面,如图 5-5 所示。

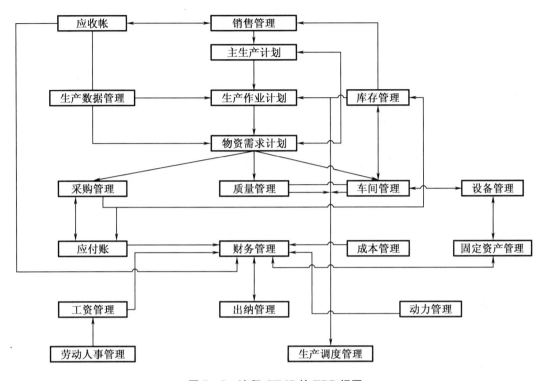

图 5-5 流程 CIMS 的 ERP 视图

a. 流程 CIMS 采用过程结构和配方进行物料需求计划,离散 CIMS 采用物料清单进行物料需求计划。

b. 流程 CIMS 同时考虑生产能力和物料,离散 CIMS 先进行物料需求计划,后进行能力需求计划。

c. 流程 CIMS 的生产计划可以从生产过程的任何一点开始,离散 CIMS 只能从起点开始计划。

d. 流程 CIMS 需要进行协产品、副产品、废品、回流物管理,离散 CIMS 没有协产品、副产品、回流物。

e. 流程 CIMS 没有工作单的概念,离散 CIMS 依靠工作单进行信息传递。

f. 流程 CIMS 的生产面向库存,离散 CIMS 的生产面向订单。

g. 流程 CIMS 的作业计划中没有可供调节的时间,离散 CIMS 的作业计划只限定在某一范围内。

3. 流程工业自动化发展展望

流程工业自动化将呈现以下几个趋势,即功能综合化、专业化、分散化、集成化。

（1）功能综合化

流程行业自动化的一个非常明显的趋势是功能综合化，即自动化系统从企业整体出发逐层完成综合信息管理、车间控制、装置协调联合控制、辅助装置与设备的控制、能源监测与计量控制等，实现综合管理－控制一体化系统。

（2）专业化

专业化包括两方面的内容：用户需求导致应用系统的专业化，以及制造厂家的专业化。

①应用系统的专业化

流程行业很多分支差异很大，如石化、冶金、建材、电力等流程均各具特色，而自动化综合程度和应用深度的提高，必然要求自动化系统的专业化。将来的自动化在硬件上越来越开放通用化，而在软件上一定有专业特色，才能更好地被用户接受。

②制造厂家专业化

随着微电子技术和信息技术的高速发展，自动化系统中对新技术采纳的速度会越来越快。除少数大的集团公司之外，大部分的厂家会因为有能力开发和制造一些独特的模块、部件、智能仪表或软件而取得很好的发展。

（3）分散化

尽管现场总线仪表组成的系统还没有真正地替代传统的 DCS，但是，现场总线的概念与技术却影响了整个自动化系统的结构和发展。世界上绝大多数的 DCS 厂家或工业自动化系统厂家将全部改变其以往系统的大板卡机笼结构，取而代之的是自己设计制造的或集成别人的 OEM I/O 模块产品。采用双冗余的以太网络嵌入式结构将工业 PC 机连接在一起实现操作、显示和管理，而用现场总线（甚至以太网）将分布在现场的 I/O 智能处理模块（包括微型 PLC 和智能仪表）连在一起来实现大型综合自动化系统已变成一种时尚和必然趋势。有人说未来的自动化系统不采用分散 I/O 将意味着死亡。

（4）集成化

开放化系统的发展和专业化厂商的增加，为自动化系统集成商提供了大量的可选设备。目前，人们开发一套自动化系统已经不像原来那样，什么东西都得从头开发。可以根据自己的技术基础和应用开发经验，选择设计整体系统，但主要的关键部件采用系统集成方式，采用现成的 OEM 产品。这种工作方式的优点是开发周期短，成功率高，投资少，而且水平跟上快，随着各种专业化 OEM 产品的普及，这种方式会成为主流。

甚至可以选择一套成熟的控制系统，自己的工作集中在设计应用需求和合理选择，实现联调和现场调试。随着智能化仪表与分散模块的普及，各模块与仪表的连接将会变得复杂，因此，这种专业化的系统集成将大有市场。

5.2　军事自动化

1982 年 4 月,英国和阿根廷在南大西洋的马尔维纳斯(福克兰)群岛附近,展开了第二次世界大战以来规模最大的海空战,也是世界上第一场动用核潜艇和空对舰导弹以及电子系统的大战。这次海战,双方共出动了数十艘战舰和几百架飞机,尤其是使用了几十种现代化导弹,在水面、水下、空中和岛岸进行了封锁与反封锁、空袭与反空袭、登陆与反登陆的殊死较量。5 月 2 日,英"征服者"号核潜艇在水下发射两枚配有先进制导系统的"虎鱼"式鱼雷,击沉了阿根廷唯一的一艘 3 000 多吨的巡洋舰。5 月 4 日,阿根廷使用法国制造的"超级军旗式"战斗机,在距英舰 48 公里左右处,发射一枚"飞鱼 AM39"型空对舰导弹,一举击沉了英国现代化程度很高、价值约 2 亿美元的"谢菲尔德"号导弹驱逐舰。5 月 25 日,阿方再次使用"超级军旗式"飞机发射两枚"飞鱼式"导弹,又击沉了一艘排水量为 1.8 万吨的英国"大西洋运送者"号运兵船。战斗结果表明,配有精密制导系统的武器彻底改变了传统海战方式,导弹在未来的海战中将起到"关键作用",双方用不着面对面地舰炮对射,在几十公里乃至几百公里外就可用导弹发动攻击了。

这一战例说明这样一个事实:现代导弹装配的精密制导系统正是自动控制技术在军事上的一个重要应用。

5.2.1　精确制导武器

顾名思义,精确制导武器就是一种能"指哪儿打哪儿"的命中率极高的武器。在军事历史上,第一次大规模使用精确制导武器的是 1982 年的英国和阿根廷的马岛之战。而在海湾战争和美国对南联盟、伊拉克的轰炸中更是大量使用了最新的精确制导武器。这种武器是以微电子、计算机和光电转换技术为核心,以自动化技术为基础发展起来的高新技术武器,它是按一定规律控制武器的飞行方向、姿态、高度和速度,引导战斗准确攻击目标的各类武器的统称。通常精确制导武器包括精确制导的导弹、航空炸弹、炮弹、鱼雷、地雷、无人飞机、能自动寻找目标的滑翔炸弹等武器。武器的精确制导系统通常由测量装置和计算机、敏感装置、执行机构等部分组成,主要是依靠控制指令信息修正武器的飞行姿态,保证武器的稳定飞行,直至命中目标。由于精确制导武器的优异的特性,因此受到各国军界的青睐。精确制导武器的原理如图 5 – 6 所示。

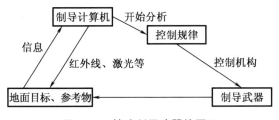

图 5 – 6　精确制导武器的原理

制导技术是一门使飞行器按照特定路线飞行,控制和导引武器系统对目标进行攻击的综合性技术。制导方式不同导致误差也不一样,精确制导技术按照不同的导引方式可以分成自主式、寻的式、指令式、波束式、图像式和复合式等几种。例如,独立行动的自主式制导,它是制导系统与目标、指挥站不发生任何联系的制导方式。导弹发射后,导弹上的制导系统不断测试导弹飞行和天体的、地形的关系位置,并将这些数据输入到导弹上的计算机中,与原来已经存储的模型或者数据相比较,再将偏差转换为控制信号,这样就能使导弹飞往预定的目标。比较常见的"飞毛腿"导弹就是这样制导的导弹。其他的制导方式是获得偏差的方法的不同,或者通过不同的控制率校正飞行的方向。不同的导引方式都有自己的长处和缺点,采用把不同的导引规律组合,在不同的情况下使用不同的规律,可以大大提高命中精度。常用的组合方式有惯性制导加地形匹配方式、自主式加指令式制导方法等。

不同的制导武器使用有不同的制导物理量,这些不同的物理量在导航中展现出不同的特点。比如红外线导航的作用,就是一种通过红外位标器输出的信号与导弹上的基准信号比较来产生偏差信号,根据偏差信号驱动红外线位标器来继续跟踪目标,同时这个偏差信号经过处理并通过执行装置来控制导弹飞向目标。红外线的制导多用于被动寻的制导系统,也可以用于指令制导系统。当用于指令制导时,红外位标器还要接收导弹辐射的红外线,跟踪导弹并提供导弹的运动参数。红外制导具有结构简单可靠、成本低、功耗少、隐蔽巧、质量轻等特点。但是,红外制导的目标必须与周围背景有比较大的热辐射反差,容易受到云、雾和太阳光等气象条件的限制。

除了利用红外线进行制导以外,还有无线电波制导、激光制导、雷达制导等方式。其中,激光制导是利用激光来进行跟踪和导引物体的制导方法。由于激光的优越性质,使得激光制导有很强的抗干扰性,测量精度更好,但是激光制导也有不足之处,不能全天候使用,制导复杂度比较大。不同的制导方式各有优劣,在不同的条件下能够发挥自己的用途。

精确制导武器作为精确测量技术和精确控制技术在军事上的应用,虽然单个制导武器的成本较普通的武器昂贵,但是正是因为大大超过传统的武器的命中率,使得作战成本反而在下降,而且可以减少对其他的目标的不必要的损坏。精确制导武器已成为各每个国家军事投资的重点,在现代战争中发挥着越来越大的作用。

5.2.2　微机电技术

微型机电系统 MEMS(Micro Electro Mechanical System)是指那些外形轮廓尺寸在毫米量级以下,构成元件是微米量级的可控制、可运动的微型机电装置。它是自微电子技术问世以来,人们不断追求高新技术微型化的必然结果。在 20 世纪 70 年代初人们就开始 MEMS 的探索研究,直到 20 世纪 80 年代,这个领域才有了实质性的进展。它使用最新的纳米材料技术,使得电机的体积惊人地减小。这样的技术在军事上无疑将有很大的用处,这些应用主要包括微型机器人电子失能系统、蚂蚁机器人、分布式战场微型传感器网络、有害化学战剂报警系统、微型敌我识别等方面。

1. 微型机器人电子失能系统

微型机器人电子失能系统是一种特定的 MEMS。它具有 6 个部分，包括传感器系统、信息处理与自主导系统、机动系统、破坏系统和驱动电源。这种 MEMS 具有一定的自主能力，并拥有初步的机动能力，当需要攻击敌方的电子系统时，无人驾驶飞机就投放这些 MEMS。其中的一种方案是利用昆虫作为平台，通过刺激"昆虫"的神经来控制昆虫完成接近目标的过程。通过这样的 MEMS 可以无声无息地破坏敌方的主要目标，有相当的战略意义。

2. 蚂蚁机器人

蚂蚁机器人是一种可以通过声音来控制的 MEMS。它的驱动能量来自一个能把声音转换成为能量的微型话筒，人们利用它潜伏到敌方的关键设备中，当需要启动时，控制中心发出遥控信号，蚂蚁机器人就开始吞噬对方的关键设备。蚂蚁机器人能做得非常小，能够在人的血管中进出自由，这样在民用方面，也可以完成非常复杂和精细的医学手术。

3. 分布式战场微型传感器网络

分布式战场微型传感器网络是通过大量散播廉价的、可随意使用的微型传感器系统来完成对敌方系统更加严密的调查和监视。MEMS 本身非常小，无法被肉眼观察到，就是仪器也很难精确地测定其位置，所以就很难受到攻击了，这样的系统组成一个庞大的网络，敌方的一举一动都能够非常清楚地了解，这对战争的监视理论是一个新的发展。

4. 有害化学战剂报警系统

特定的 MEMS 加上一个计算机芯片就能够构成一个袖珍质谱仪，可以在战场上检测化学制剂。一个这样的传感器系统只有一个纽扣大小，能够最大地减少价格昂贵或者生物媒介的用量，还可以配备合适的解毒剂来扩展功能。在化学武器日益发达的未来站场，检测化学制剂的 MEMS 必将能够起到关键的预测、监控和预报作用。

5. 微型敌我识别装置

微型敌我识别装置能够在纷繁杂乱的战场上，通过传感器和智能识别技术，判断出敌我目标，避免不必要的错误。大量的廉价识别装置的共同使用能够增加判断的可靠性。

综上所述，MEMS 之所以能够完成大量的功能是因为它的廉价、微小、智能化、可控性的特点。MEMS 的技术现在还远远没有发展成熟，在未来的发展中，军事上的需求将是 MEMS 的一个主要的发展方向，也必然能在未来推动军事技术的不断发展，向军事微观化迈出关键的一步。

5.2.3 网络战与病毒武器

人类社会的最新科学技术都首先应用在军事领域中，成为胜负最敏感、最有影响的重要因素之一。计算机网络技术和信息技术也首先应用在军事领域，并且已经形成了一个非常重要的,甚至是有决定意义的战场。

Internet 是一把锋利的双刃剑,控制论的创始人维纳曾经说过:"技术的发展具有'为善和作恶'两重性"。早在 1979 年,一名 15 岁的少年运用他破解密码的特殊才能,成功地闯入了美国军方的"北美防空指挥中心"的计算网络系统中,包括美国指向苏联的全部核弹头的数据与资料等核心机密一览无遗。类似以上的例子数不胜数,将大量的计算网络暴露于进攻之下,作为敌方瞩目的军事部门更是如此。

为了对付上述的威胁和挑战,军事部门从机构、经费到演示、做法方面采用了一系列措施和对策。首先需要确定信息战的概念和理论。信息战被理解为不仅是更好地综合利用信息系统的手段,而且是有效地与潜在的敌人的信息系统对抗匹配的手段:一方面保证自己的系统不受到损坏,另一方面设法利用、瘫痪和破坏敌方的信息系统。在这个过程中,取得和运用部队的信息优势。另一方面,在机构设置上也采用了相应的措施。各国军方都增加了类似于"计算机安全中心""安全测试中心"等专门对抗网络入侵的部门。军方也可能利用本国黑客的智慧来为国防服务,增强本国的军方计算机系统的安全性。

那么,在信息战场上,还有什么更重要的武器吗?答案是计算机病毒。计算机病毒应用在信息战场上,则成为最危险、最隐蔽、最有破坏力的武器之一。当某个国家受到战争威胁的时候,它可以不必要出动大规模的海、陆、空武装部队,只需要在室内使用鼠标、键盘和显示器来实施一场精心策划的信息战争。例如,将计算机病毒送入敌人的电话交换网络枢纽中,造成电话系统的全面崩溃。然后用定时的"计算机逻辑炸弹"来摧毁敌人的铁路控制与部队调动电子信息指挥系统,造成运输失控。同时,再干扰敌人的无线电通信,使其完全丧失作战能力。再加上其他的一些诸如心理战、宣传战,就能够不费一枪一炮及时制止一场即将爆发的战争。所以,在这个过程中,应用计算机病毒可以成为开路先锋,破坏对方的信息系统。

现在世界各国军方无一不认识到:信息技术是军事革命的核心,信息战是军事革命中最为突出的表现形式。不过任何事物都是两面的,不能认为信息战争和计算机病毒是万能的,它不能完全替代真正的作战部队,它们之间的关系是相辅相成而不是相互替代,只有合理地使用相应的作战形式才能更快、更好地取得战争的胜利。

5.2.4 军用遥感技术

很早以前,人们就希望从空中来观察地球,最初人们使用的是普通的照相机,后来发展成为专门的航空照相机。航空摄影的技术在世界大战期间获得了长足的发展,基于这种照片的识别技术也相应提高。随着飞行器技术的提高,尤其是火箭和卫星的出现,遥感技术获得了一个全新的平台。现在,遥感技术日新月异,成为在国民经济建设中不可缺少的一种重要技术,尤其在军事方面的应用也很广泛。遥感中收集到的信息,就是物体发射或者被它反射的电磁波。这些电磁波包括近紫外、红外线、可见光、微波等。收集电磁波信息的装置叫作传感器。遥感就是用装在平台上的传感器来收集(测定)由对象辐射或(和)反射来的电磁波,再通过对这些数据进行分析和处理,获得对象信息的技术。遥感的原理示意图如图 5-7 所示。

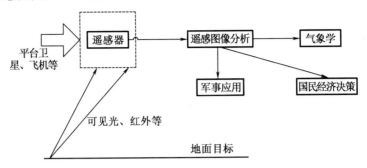

图 5-7　遥感的原理示意图

遥感中可以使用可见光和近红外区的电磁波进行遥感,它是利用了对象的反射特性。这种方式是航空摄影发展的结果,也是最为广泛应用的一种,在月球上观察地球就是这样的。另外还有两类技术也在遥感中大显身手。

其一是使用热红外和热成像技术。热成像是与远距离测量地球表面特征的温度有关的遥感分支,主要是利用了物体的辐射特性。它所研究的问题小到可以探测一间屋子的热能量泄漏。

其二是利用微波遥感器进行遥感。微波遥感分为被动式和主动式。主动式的微波遥感器主要是测试雷达。它是在 20 世纪 50 年代为军事侦察目的而发展的,目前的重要应用是快速取得大片有云地区的地面资源情报数据。被动式微波遥感器感受的是它们视场内的自然可利用的微波能量,其工作方式和热辐射计或热扫描仪非常相似,但是能够接收到的信号也比热红外区微弱得多,同时信号所伴随的噪声也大得多。因此这种信号的判释问题要比其他各种遥感器困难得多,但和测试雷达一样也有全天候的特性。

遥感在军事上的应用是显然的,其用途大致有三方面:一是对目标国家和地区的资源状况的监视。通过有效地监视资源及其变化,可以帮助确定战略的目标。二是监视对方军事部署和大规模的军事移动。许多军事部署的位置信息可以通过高精度的卫星遥感获得,大规模的军事移动也容易在遥感器上留下痕迹,这些都对于对应国家采取相应的措施提供快速而有效的信息。三是在具体的作战当中,遥感可以帮助分析局部的地形、资源状况,从而帮助己方进行战术行动的方案判断。遥感作为一项能够大范围、高精度、快速获得信息的技术,必然能够在未来的战争中获得更多的应用。

5.2.5　信息战

在今天,我们进入了信息时代,信息技术使得国家的组织方式和结构组成发生了重大的变化,改变了人类的生产和生活方式,国民经济也因为得到了信息技术的优化而展现出了前所未有的前景。同样,信息技术也给军队的战斗力带来了极大地提高,促使现代战争空前复杂和激烈,引起了军事结构的重大变化。军事信息革命实现了"总体作战能力"的综合。数字化战场的深度如图5-8所示。

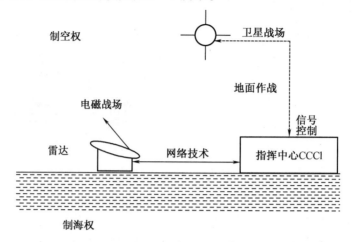

图5-8　现代战场的深度

　　当前,武器装备已经进入了以信息主导型为核心的高技术兵器的发展阶段。各种高新技术是促进这种发展的强大推动力,而发挥作用最大、渗透性最强、应用范围最广的是集智能、计算机、网络、通信技术之大成的各种信息系统。一些武器装备一旦采用了现代信息技术成果,其作战效能立即提高几十倍甚至上百倍。

　　信息战主要包括信息权电磁战、空间战、海战场、陆地战场、网络的破坏与反破坏等。例如,为了获得电磁战场的主动权,就要拥有强大的电磁武器和电磁干扰武器。这些武器的主要目的是用来扰乱对方的信息传输、为己方的信息传输铺平道路。因为在现代战争中,没有通畅的信息传输会导致整个系统的瘫痪。军用通信卫星、无线传输网络、战场军用电话网络等这些设备如果不能正常地进行运转,整个军队就无法知道前进的方向,攻击性武器也不能知道确切的目标在哪里。这一切都说明了信息的获得和传输的重要性。可以看出信息技术使得战争的深度和广度发生了重大的变化。在战争的策划上,系统论、控制论、信息论和计算机技术都大量应用,使得运筹帷幄的过程也充满了信息。一句话,没有了信息,现代战争是无法取得胜利的。

　　在海湾战争之后,全球范围内掀起了一场"信息高速公路"浪潮,它不仅给世界经济和人类生活带来很大的影响。同时,也触发了一场关于"军事信息革命"的大辩论,引起世人极大的关注。世界各国纷纷就技术对未来军队的发展与影响开展了广泛而深入的研究,有的国家还针对这种发展趋势率先制订了对策和发展计划,以期能够抢占军事技术的制高点,使本国在未来战争中能够立足。

　　1991年的海湾战争标志着新型战争方式的出现,信息时代正在改变着军队,也正在改变着战争的样式。军队在下一代的作战核心将是"信息战"理论,打赢信息战是建设21世纪军队的出发点和归宿点。

　　未来的世界是信息的世界,未来的战争更是信息的战争。加快信息化的进程,抢占信息战争的制高点应该是我们当前国防建设的主要任务,也是迫在眉睫的。

5.2.6　卫星在战争中的应用

在众多的人造卫星中,军用卫星堪称是一支重要的生力军。军用卫星种类繁多,按其功能,主要分信息传输和信息获取两大类。信息传输主要依靠军事通信卫星,信息获取主要依靠军用遥感卫星。卫星是现代战争的"制高点",军用遥感卫星常被人们称为间谍卫星,当前在美俄两个军事强国的军用卫星中,这种卫星约占 60% 以上。它是利用光电遥感器、无线电接收机或雷达等侦察设备,从太空轨道上对目标实施侦察、监视或跟踪,以搜集地面、海洋或空中目标的军事情报的人造地球卫星。侦察设备搜集到的目标辐射、反射或发射出的电磁波信号,要么用胶卷、磁带等记录存储于返回舱内,在地面回收;要么用无线电传输方式实时或延时传到地面接收站。收到的信号经过处理后,即可得到有价值的军事情报。

军用遥感卫星的主要用途是侦察,与传统的侦察方式相比,卫星侦察的突出优点是侦察视点高、范围广、速度快,不受国界和地理条件的限制,能取得其他侦察手段难以获得的情报,对本国政治、军事、经济和外交都有重要意义。军用遥感卫星在海湾战争和北约对南联盟战争中的突出表现,进一步表明军用遥感卫星在现代战争中的重要地位。许多国家从中看到了空间的军事价值,纷纷准备或加紧发展军事航天技术与系统,其中军用遥感卫星是各国优先或重点发展的项目。截至 20 世纪末,世界上拥有军用遥感卫星的国家主要有美国、苏联/俄罗斯、法国等。日本、印度、以色列、韩国在获取和利用美国军用遥感卫星信息的同时,正在自主研制成像遥感系统。

1. 成像遥感卫星

成像遥感卫星是"天眼神耳"。这种卫星在太空中用"眼睛"查看,它是靠卫星上的可见光和红外照相机获取地面信息。各谱段中,可见光成像的分辨率极高,可达 0.1 m,在卫星上能看清地面汽车的牌照,军官肩上的星牌。

2. 电子军用遥感卫星

电子军用遥感卫星是太空中的"耳朵",它是一种专门用侦察雷达、通信和遥感等系统所辐射的电磁信号的卫星,它能够测定发出各种信号的地理位置。在海湾战争期间,美国两颗"大酒瓶"和一颗"旋涡"电子军用遥感卫星,每天飞临海湾,窃取了伊拉克大量的通信电子情报。

3. 海洋监视卫星

这种专门用于监视海洋中的舰船和水下潜艇活动的卫星,能有效地探测和鉴别海上舰船,确定其位置、航向和速度,监听和截获舰船发出的电子辐射信号。美国现用海洋监视卫星主要是"白帆"和"快船"卫星,到目前为止,美国和俄罗斯共发射了上百颗海洋监视卫星。

4. 弹道导弹预警卫星

该卫星主要用于监视敌方弹道导弹,对弹道导弹突袭进行预警,以便采取必要的防御和对抗措施。

5. 核爆炸探测卫星

20 世纪 60 年代初,美国国防部为监视和掌握在大气层和外层空间进行核试验的情况,曾研制了名为"监督者"的卫星。该卫星载有红外、紫外、X 射线等多种探测器,可以探测世界各国进行核试验的情况。

6. 商业卫星

商业卫星是成像侦察的另一只天眼。目前,许多商业卫星已达到相当高的监测能力,可为军控监测所用。

5.2.7　C3I 自动化系统

所谓 C3I 是指挥(Command)、控制(Control)、通信(Communication)、情报(Intelligence) 等词语的英文缩写,这个系统也就是军队自动化指挥系统。该系统产生于 20 世纪 70 年代,是一个以计算机为核心的,集收集情报、传递信息、指挥决策与战术控制为一体的高效作战指挥系统。我们知道,现代高技术战争使战争成为陆、海、空立体战争,C3I 系统则是军队的神经中枢,与电子战装备、精密制导武器一起构成了克敌制胜的三大法宝。

C3I 系统主要由侦察探测系统、通信系统、指挥系统和战术控制系统等四个部分组成。侦察探测系统借助于卫星等高技术手段,探测和跟踪监视敌方飞机、导弹和军队,为国家军事指挥机构提供所需要的准确情报;通信系统凭借数字化技术,建立一个上至国家最高军事指挥机构下至基层作战组织的通信网络,使战场上的联络、调动、指挥简单易行、快捷准确;指挥决策系统是一种自动处理信息系统,能够快速将搜集到的情报分类、比较、判定,并制订出作战方案,为指挥机构提供高效率的参谋服务;战术控制系统以前三个系统为依托,能在极短的时间内使有关的力量进入战备状态,并将部队部署到一个特定的区域,使决策指挥与作战几乎同步。

对于一个国家来说,应用 C3I 系统,便会使各种兵种和武器系统之间的作战协同更加完善、周密,使部队的行动节奏和反应能力大幅度提高,使武器装备的打击能力更为强大,从而在整体上有效地提高国家军事力量水平。以美国全球战略的 C3I 系统为例,一旦有国家发射洲际导弹,它的预警卫星系统便能在 60 ~ 90 s 探测到,并在 3 ~ 5 min 判断是否对自己构成威胁。如果判定威胁存在,其指挥决策系统将迅速制定作战方案并进行作战模拟,并可以在 1 min 内使所有的武器力量进入战备状态。

经过 20 年的研究和发展,C3I 系统已经得到了广泛运用,并且显示出极大的威力。比较著名的战例是海湾战争中 C3I 系统的广泛应用。展望未来,新型 C3I 系统将向着进一步提高生存能力的方向发展,以自动化系统为核心的现代高技术武器装备,在现代战争中起到越来越重要的作用,使得战争更复杂多变,并且导致军事理论、部队编制和作战方法都发生巨大的变化。高技术战争图解如图 5 - 9 所示。

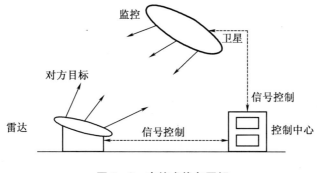

图 5 – 9　高技术战争图解

现代战争中高新技术战场体现在高技术的电磁战场、高技术的透明战场、高技术的导弹战场以下几方面。

1. 高技术的透明战场

这是指卫星在战争中的应用使得战场变得更加透明。现代的战争是空地一体、海地一体的立体化战争,是分布在从太空、高空、中空、低空和超低空到地面直至水下的广大范围中的作战。通过侦察卫星和其他的侦察手段搜集到大量的关于战场的信息,为战场指挥官掌握战局变化、夺取战场主动权提供了有效的手段。另外,各种通信卫星也同时起到了通信枢纽的作用;通过全球定位系统(GPS)可以有效地确定我方人员的位置,提供快捷的定位或者其他措施。所以,卫星已经成为现代战争中的情报保障与控制的主要手段之一,没有它们,现代战争难以顺利进行。军用卫星使得战争成为“透明玻璃”,拥有卫星就拥有了战场的主动权。

2. 高技术的电磁战场

首先,要夺取电磁频谱的控制权,如果没有了电磁战场的控制权,就无法进行正常的信号传送;其次,运用电子战达成战役战术上的突然性。海湾危机中大战一触即发,美军为了达成战役和战术的突然性,达到初战必胜的目的,在开战前 5 h,就对伊拉克进行了强大的电磁干扰,使得伊方的通信系统全部瘫痪。这样美军在首战中轻松取得胜利,体现出了电子战的强大威力。另外,电磁战是夺取战争主动权的重要支柱,通信系统一旦被破坏,就失去了战争的主动权。

3. 高技术的导弹战场

这是最容易看到的一种,它使用有形的导弹来攻击对手,已经成为现代战争的最有力的攻击武器之一。现代的导弹种类繁多,功能强大,有不同的载体,比如空载、舰载、地面车载等,攻击目标也繁多,如对空、对地等,伴随着其他技术进入导弹,特别是精确制导技术的广泛应用,导弹已经具有了更大的杀伤力、更小的消耗。另外在卫星和电磁设备的配合下,导弹攻击的成功率也有了大幅度的提高。

5.2.8　数字化战场

人类未来面临的战争,将是由陆、海、空、天、电五维空间和各兵种参战的一场海岸、岛屿、空中、水面和水下之间的立体战争,适应未来战争需要是数字化战场的使命要求。

随着数字技术的迅猛发展,信息化浪潮席卷全球,使得战争形态正朝着信息化方向发展。数字化是由机械化向信息化转变的必经之路。因而,世界许多国家都在着力解决数字化战场的建设问题。

以信息技术为主的一大批新技术被迅速用于军事领域,利用这些技术开发的新型武器以及对传统武器的综合改造,使战场的范围由陆地、海洋、空中扩展到外层空间和电磁空间,形成了五维空间战场。高技术在战场建设中的全面应用,推动了战场信息化的迅速发展,同时也面临许多过去没有遇到的问题。战场的组织、指挥与控制日趋困难。战场的大纵深、全方位和立体化,五维空间相互渗透,给战场的指挥与控制提出了更高的要求,使通信、定位、导航、敌我识别等成为战场运转的关键链。战场的快速机动性、非线性和精确制导武器的使用,对战场信息的时效性、准确性和连续性提出了前所未有的要求。庞大的战场后勤保障也要求必须具有高效和快速的处理能力。解决这些问题的关键是战场信息资源共享,使得战场信息随时准确感知、快速收集、快速传输、快速处理和快速分发。

以电子计算机为核心的信息处理技术和信息网络技术的发展,用信息流控制物质流、能量流,发挥最佳效能,形成以信息技术为基础,以支配控制信息为主要手段的数字化信息战场。在数字化战场上,决定战争胜负的主要因素是制信息权,战场的主旋律是网络中心战。

1. 战场形态的沿革

(1)徒手作战时期的战场

远古时代,人类掌握打制石器、木器技术,争抢食物、猎物,交战双方使用兵器——石制和木制矛、斧、刀、箭,战争形态原始简单。

(2)冷兵器时代的战场

人类掌握了早期金属冶炼技术,主要作战单元——步兵、骑兵。

作战模式——白刃格斗,决定战争胜败因素——计谋。人员数量、格斗技巧和力量,战场维数——陆地(一维空间)。

(3)热兵器时代的战争

火药的发明,导致了火枪、火炮的发明使用,滑膛枪取代了长矛,机动炮取代了机动性差的攻城炮,枪炮机动性能的提高,步炮协同作战,扩展了战场范围和空间。火枪装在帆船上,击毁敌船成为海战的目的,海战场开始形成。战场维数——陆地、海洋(二维空间)。

(4)机械化时代的战场

蒸汽机、内燃机技术及电子技术的出现,自动武器的发明,战斗战役突击兵器,坦克、飞机、潜艇及其他新式武器的应用,给战场带来了一系列变化。海上,军舰、鱼雷和潜艇成为海战的主要武器,护航战、反潜战和海上封锁战成为海战的主要模式。空中,战略空中轰炸、机载航空兵登陆作战,两栖作战成为主要作战模式。

①陆地

自动武器、坦克、装甲车成为主要作战模式。同时还有大规模以毁灭为目的核武器与远程弹道导弹武器等。

②战争基础

资源,双方比钢铁、比能源。

③战场维数

陆地、海洋、空中三维立体空间。

④决定战争胜败主要因素

自动化武器、大规模摧毁武器及先进交通运载工具。

(5)信息时代的战场

20 世纪 60 年代开始,以信息技术为主的大批新技术群问世,并被迅速用于军事领域,导致了军事高技术出现。使战场的范围扩展到外层空间和电磁空间。

复合型作战兵器问世,要求陆、海、空、天、电五维战场空间交叉和渗透、战略核武器、精确制导、智能弹药、武装直升机等淡化了传统的战场空间概念,使传统的陆、海、空战场趋于一体。

随着信息网络迅速崛起和广泛应用,可用完善的信息控制系统,对信息化了的资源进行优化,用信息流控制物质流、能量流,信息一跃成为战场上一切军事行动的控制要素,进而形成了以信息技术为基础,以支配和控制信息为主要手段的信息化战争。信息化战争的战场是高度集成化、透明化、电磁化、保密化、网络化、智能化的战场。

①数字化战场

数字化战场是指以覆盖整体作战空间的信息网络为基础,将各个信息化的作战环节单元(信息系统、信息化武器、数字化部队)连接在一起,实现信息收集、分发、传输、处理和运用的高度自动化一体化的战场。

②数字化战场本质特征

提供战场态势实时感知,为作战部队和武器平台提供共享画面,为战役和战术行动提供依据。

2. 国内外数字化战场研究背景

(1)国外研究背景

在数字化战场和信息系统建设方面,有代表性的是美国和法国等。美国在 20 世纪 50 年代就开始了战略级指挥控制系统研制,60 年代初期开始组建全球军事指挥控制系统,70 年代美国防部及各军种开始着手建设以指挥控制为主的战略、战役及各军种信息系统建设。1992 年提出了全球指挥控制系统计划,同年又提出了"武士"C4I 计划。1993 年率先提出了综合化、一体化 C4ISR 系统的概念和实现要求,进一步丰富了"武士"C4I 计划内涵。美国陆军按照整体战略要求,确保"陆军作战指挥系统"可与国防部 C4ISR 系统构成无缝隙链,美空军的"地平线"C4I 系统、美海军的"哥白尼"C4I 系统、美海军陆战队的作战指挥系统等也试图与 C4ISR 系统一体化。基于 C4ISR 系统建设需要,1994 年,美国防部提出了建设国防信息基础设施DⅡ构想计划,以满足军事在全球范围内信息传输与处理等多种不同服务的需求,在此基础上,组建国防信息网,为DⅡ用户提供可靠、稳定、及时的信息传输和交换服务,为DⅡ贯穿战略级、战役级和战术级指挥和协同能力提供支持,确保DⅡ各网络无缝连接,到2020年,新一代DⅡ将是全球栅格。1996年,美国陆军开始研究建设战术级战场信息传输系统,以满足数字化战场信息需求量急剧增加的需要。美军现已建成了不同层次、立体化的指挥控制体系。

法国在20世纪70年代就研制出各种不同类型的指挥控制系统,并装备部队使用。20世纪80年代初,法国开始研制部队指挥信息系统,到90年代初,该系统已装备法国陆军各军旅。法国现在正在研制执行命令级的信息系统。

随着战场指挥控制系统建设进程的发展,20世纪90年代初以来,美国、英国、法国、德国等国家都把组建数字化部队纳入数字化战场建设计划。美国陆军数字化部队建设起步早,进程快。美军提出了称为"21世纪部队"的陆军计划,1997年组建了第一个数字化旅,1998年公布了"21世纪重型师"编制方案,2000年建成了第一个数字化师,2010年陆军实现数字化,即建成"21世纪部队"。

在武器装备系统方面,美军采取了数字化武器装备发展与数字化部队建设同时进行的思路。自20世纪90年代以来,在陆军主战坦克、步兵战车、自行火炮等作战平台增加了车际信息系统、保密通信系统、全球卫星定位导航系统、战场敌我目标识别系统、C4I系统等数字化信息系统。在此基础上,逐步发展了空中数字化武器装备、陆军导射系统、数字化弹药、数字化地雷和数字化制导导弹等。现已基本形成功能配套、种类齐全的陆、海、空一体化的数字化武器体系,使陆、海、空等兵种逐步形成一体化作战力量。

(2)国内研究状况

我国在20世纪70年代末开始了部队指挥自动化系统的建设工作,经多年努力,以指挥自动化建设为基础的指挥控制系统取得了较大发展和显著成绩。建立了比较完善的全军自动化网,开展了全军作战指挥综合数据库系统建设,对高级统率机构作战室进行了改造,各军兵种研制了一批战役战术级系统。我军数字化战场的指挥控制系统建设现已初具规模,为发展数字化战场奠定了坚实的基础。但目前我军指挥控制系统在以下几方面还存在着急待完善的问题:

①不能同其他系统形成综合体系,一体化程度不高;

②野战系统适应性差、机动困难、难以适应恶劣的战场环境;

③与武器脱节,未能实现与武器系统的交链配套,指挥网络无法传递实时控制信息,多数指挥所难以对武器系统进行有效监控;

④安全保密水平低,辅助决策功能弱。

我军对数字化战场和数字化部队建设问题较早地进行了理论研究,探索了数字化部队建设的一些基本规律,取得了阶段性成果。在借鉴国外武器装备数字化建设成功经验基础上,我军在数字化装备建设方面,自主研制,开发了一些适应部队现行装备的信息系统:如导航定位系统、初级战场管理信息系统等,并利用信息技术和数字化技术改造了主战坦克、装甲车、舰船、火炮武器装备。

我军在信息技术应用方面只局限于信息系统功能的实现,还没有完全应用于指挥控制系统、装备系统、舰队系统、后勤保障系统和远程医疗系统等。整体上说,我军目前数字化武器装备数量少,规模小,数字化武器平台通用化、系列化、信息化水平低,数字化战场体系结构研究方面刚刚起步,基础薄弱。

中国台湾的军队的指挥控制系统经多年建设,初步建设以"国防部""衡山"系统为核心的连接空军"强网"、海军"大战"和陆军"陆资"三军一体化的指挥控制系统。"衡山"系统是"国防部"战略性指挥中枢,由作战、人事、后勤及通信四个分系统和国防信息库组成。配有通信网络,与陆军、海军、空军各自的 C4I 系统及金门、马祖防卫部和一至五战区相连,用来传输信息与协调指挥。"大战"系统是舰船、海岸战场实时信息系统,用于指挥协调、管制引导岸基导弹和舰船海上作战。

3. 数字化战场结构体系

(1)数字化战场结构体系

数字化战场要求实现各作战系统间的无缝信息传输和互通能力,这依赖于数字化战场有明确规定的标准与协议框架体系。

美军提出的数字化战场一体化结构框架,由系统结构体系、技术结构体系、作战结构体系三部分构成,如图 5 - 10 所示。

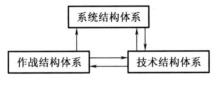

图 5 - 10　数字化战场体系结构

①系统结构体系

描述作战结构体系要求的系统解决方案,阐述各个作战要素及互连关系,描述系统各单元标识标记,规定完成作战任务所需的(包括信息链路、网络、武器平台等)硬件设施及配置,提供带宽规范和接口要求,软件规范,分配系统和各要素性能参数等。

②技术结构体系

决定信息系统各要素配置、要素间相互作用、相互依存的一套最基本规则,确定服务、接口标准及它们之间的关系,为工程规范提供技术指南。建造公用模块,构成实现互操作性和数字化战场信息系统无缝连接框架。

③作战结构体系

具体定义一个作战任务,确定作战设施至作战设施、作战设施至武器系统、传感器至作战设施、传感器至射手等各作战要素之间关系,所分配的作战任务及信息流表述、定义信息分类、信息交换频度、明确信息分配去向及层级、指定军事行动方式地点等。

（2）构成数字化战场的子系统

数字化战场的子系统如图5-11所示。

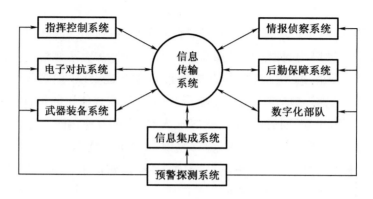

图5-11　数字化战场子系统

4.数字化战场关键技术

（1）信息融合技术；

（2）高速并行处理技术；

（3）决策支持技术；

（4）人机接口技术；

（5）语音图像识别技术；

（6）模拟仿真技术；

（7）先进传感器技术；

（8）路由技术；

（9）流量与拥塞控制技术；

（10）自动目标识别技术；

（11）雷达组网技术；

（12）智能化情报综合分析技术；

（13）信息安全防护技术；

（14）"动中通"天线技术；

（15）抗干扰与抗截获技术。

5.数字化战场信息系统集成

（1）建设目标

数字化战场的建设目标是把战场上各个作战环节,各种分离的信息基础设施、作战指挥平台、各级指挥机构及数字化导弹、舰船等武器系统有机地连接在一起,实现指挥、控制、情报侦察、信息传输、电子战、武备平台、后勤保障等各系统一体化,确保各个系统之间的信息互连、互通,使各个参战武备及部队能够在运动中共享实时战场态势画面,保证更准确地打击、更快的机动能力和更强的生存能力。

数字化战场信息集成系统是一个集成了信息化武备和数字化部队等要素的大系统,其技术特征可归结为主导性战场空间感知、精确打击、系统集成。信息系统集成是数字化战场建设中必须经历的一个重要阶段。

数字化战场信息系统集成研究目标就是根据战略战术需求,在数字化战场开放系统环境下利用标准化系统元素进行信息系统的一体化设计和实现策略及实现技术。指挥控制、情报侦察、预警探测、通信和电子战五种系统进行多层次、大范围综合集成,形成战场军事电子信息系统综合体系。信息系统、武备平台的综合优化集成是更大系统的综合集成,包括子系统的连接、调试、测试及效能评估等,使所有的"烟筒式"系统无缝隙地连接成一个有机整体,实现横向一体化,以获取最大的整体效能。

(2)关键技术

①信息数据融合技术;

②计算机网络技术;

③系统智能决策支持技术;

④系统信息数据压缩编码技术;

⑤系统信息流量与拥塞控制技术。

(3)研究内容

①数字化战场信息系统体系结构研究

数字化战场信息系统体系结构是数字化战场建设的重要组成部分。重点研究描述系统内部、外部的有机联系和发展趋势。系统集成目标和方法,明确系统环境,规范系统顶层设计,提高系统研制效率,使系统适应新的作战理论和体制编制,满足信息资源共享、互连、互通、互操作原则,具有信息作战防护功能及强生存能力。

②数字化战场信息系统集成标准研究

信息系统集成标准化是信息系统集成的基本保障和前提条件,是实现战场信息系统互连、互通、互操作的重要措施。进行信息系统集成在基础标准、通用标准、管理标准、系统标准、专项技术标准等方面的标准化体系研究。

③数字化战场信息系统集成设计研究

重点描述网络硬件平台、软件平台及系统信息技术集成方案,进行信息系统的逻辑设计、物理设计、技术接口、系统信息设计、软件集成等方面的研究。

④数字化战场信息系统子系统集成研究

进行情报侦察子系统、信息传输子系统、信息处理子系统、电子对抗子系统等集成技术研究。

⑤数字化战场信息系统集成性能测试与效能评估研究

进行信息系统的作战空间范围、作战舰队规模、信息能力、系统决策能力、互操作能力、信息战电子战能力、可靠性及生存能力等性能测试研究,进行信息系统在规定条件下完成使命能力的效能评估研究。

(4)技术途径

在系统拓扑结构方面,将数字化战场信息系统拓扑结构设计为以系统网络为核心的模式。系统通过统一的通信网络载体,形成指挥控制网络、情报侦察网络、预警探测网络、电子战网络等网络系统。将各个项目看成是网络系统上的一个应用点,在统一的技术体制支持下,实现具体任务目标。从信息系统角度来看,信息网络为网状与树状层次型拓扑结构相结合的信息系统,最终发展成为适于扁平化指挥的栅格状拓扑结构的军事电子信息系统。

在功能方面,信息系统具有战场各种信息获取、传送、处理、分发及应用、电子对抗等诸多功能。依托国家信息设施,利用战场统一的信息基础资源,包括网络硬件资源、共性软件资源、信息支持资源、人机环境资源形成一个有机整体。

在系统集成方面,信息系统是一个开放式综合系统,具有标准化、可移植性、可伸缩性和可操作性的特征。

数字化战场信息系统通过计算机网络和通信网络等信息技术基础设施把各种作战信息的获取、传输、处理、存储、分发、利用和对抗手段等构成一个有机整体。其立足点是各个项目节点采用的应用环境、信息环境、软件环境和网络硬件环境等三种实体和应用程序接口、外部环境接口两类接口。应用软件实体包括特定任务应用软件和应用支持软件;应用平台实体包括通用信息处理平台和计算机平台;外部环境是指与平台交换信息的外部实体。应用程序接口是应用软件和应用平台之间的接口。外部环境接口是应用平台与外部环境之间的接口。构造通用信息处理平台,将信息处理服务软件用一组具有通用功能和服务模块化软件来实现。

信息系统技术体系结构包括信息处理与人机接口、信息传输、信息安全、信息建模、软件工程等方面。

数字化战场信息系统的集成技术将依赖于数据融合与挖掘技术、计算机网络技术、神经网络与智能决策技术、数据压缩编码技术、多媒体技术、遗传算法与进化计算技术、软件技术、仿真模拟技术等。

核威慑条件下的信息化战争已逐渐成为主宰21世纪战场的主要战争形态,以争夺信息优势为目标的信息战也将成为支配未来战场的新的作战形式。陆、海、空、天、电五维战场空间相互交叉和立体化,使得信息化战争的战场不再局限于作战双方的作战地域,而是作战双方的军事思想、作战理论、作战意图、作战编队、作战手段技术支持等在一定时间内的集中表现和对抗的空间,是高度集成化、透明化、电磁化、保密化、网络化、智能化的战场。其包含有物理域、信息域和认知域。决定战争胜负的主要因素是制信息权,网络中心战是战场的主旋律。数字化战场是一个典型的物联网络系统集成。

建立在系统论、控制论、信息论基础之上的自动化科学涉及信息技术中的信息获取、信息传输、信息处理、信息应用的全部内涵,其重点是研究信息与系统控制。

因此,对于从事自动化科学技术的同行们,我们有责任和义务为国家的国防建设、国泰民安做出自己的贡献!

5.3　建筑自动化

5.3.1　智能大厦

1984 年 1 月,美国康涅狄格(Connecticut)州哈特福特(Hartford)市,将一幢旧金融大厦进行改建,定名为都市办公大楼,这就是公认的世界上第一幢"智能大厦"。

智能大厦内涵如何,具备什么条件才算是智能大厦,众说纷纭,莫衷一是。美国智能型办公楼学会给出其定义为:将结构、系统、服务、运营四个要素以及相互间的联系达成最佳组合,确保生产性、效率性及适应性的大楼。国内近年来也出现了所谓 3A 大厦、5A 大厦的说法。所谓 3A 大厦,是指一座楼宇建筑具有楼宇自动化(BA)、通信自动化(CA)和办公自动化(OA)系统功能者。所谓 5A 大厦,则是除具有上述 3A 功能外,加之消防自动化系统(FA)和管理自动化系统(MA),合称为"5A"。对于后加的两"A",又有人认为是指防火自动化(FA)和保安自动化(SA)。综合观之,对智能大厦的一般概念通常是为提高楼宇的使用合理性与效率,配置有合适的建筑环境系统与楼宇自动化系统、办公自动化与管理信息系统以及先进的通信系统,并通过结构化综合布线系统集成为智能化系统的大楼。

关于智能大厦,社会上有一种通俗说法,即将大楼内各种各样的控制设备、通信设备、管理系统、消防系统、给排水系统等装置的信息,用同一种线缆接入中央控制室,大楼的住户可根据需要在所在办公地点添置各种各样的设备并连接于所在场所预先设置的接线装置,这些设备可随意摆放或变换位置,一旦位置确定后,大楼管理人员只需在中央控制室进行相应点及相应设备之间的简单跳线即可使这些设备进入大楼的布线系统,实施控制和管理功能,这就是所谓的智能大厦概念。实际上这种概念并不完全,只是形象地勾画出智能大厦结构化综合布线系统的概貌。一般来讲,智能大厦除具有传统大厦建筑功能外,通常要具备以下基本构成要素:

(1)舒适的工作环境;

(2)高效率的管理信息系统和办公自动化系统;

(3)先进的计算机网络和远距离通信网络;

(4)具有多种监控功能的楼宇自动化系统。

智能大厦是多学科、多技术的系统综合集成产物,智能大厦的表现形式是传统建筑技术和先进的信息技术(计算机技术、自动化技术、网络与通信技术等交叉技术)相结合的产物。

智能大厦作为计算机技术、自动化技术、网络与通信技术等信息技术综合集成的产物,是未来信息社会一个典型"细胞"的雏形,必将率先与国际性的信息高速公路接轨,理所当然会成为首批信息高速公路的应用者与实际受益者。智能大厦正向我们走来,成为建筑行业和信息技术产业共同关心的快速发展的新领域,自动化技术必将起到举足轻重的作用。

5.3.2 楼宇自动化系统

由于智能大厦内部有大量而分散的电力、照明、空调、给排水、电梯和自动扶梯、防火等设备需要通过各子系统实施测量、监视和自动控制,各子系统间可互通信息,也可独立工作。再由中央控制机实施最优化控制与管理,目的是提高整个大厦系统运行的安全可靠,节省人力、物力和能源,降低设备的运转费用,随时掌握设备状态及运行时间,能量的消耗及变化等。因此,分散控制系统 DCS 或现场总线控制系统 FCS 是实现楼宇自动化的首选设备。

智能大厦楼宇自动化系统主要包括下列子系统:

1. 智能大厦楼宇自动化系统

(1)楼宇机电设备监控系统;

(2)保安系统;

(3)消防报警系统;

(4)广播音响系统;

(5)停车场管理系统。

2. 楼宇机电设备监控系统

(1)空调系统;

(2)给水排水系统;

(3)供配电系统;

(4)照明与动力系统;

(5)电梯系统。

3. 保安系统

(1)防盗报警系统;

(2)闭路电视(CCJTV)监视系统;

(3)巡更管理系统。

停车场管理系统对一个智能大厦来说是必须要求的,通常它可分为车辆入场管理和车辆出场管理两个子系统。

智能大厦系统设计的首要任务是对各子系统功能的划分和规划,要保证系统具有完整而又有先进的功能,为实现智能大厦的通信自动化,办公自动化以及信息处理自动化打下良好的基础。

5.3.3 通信网络系统

智能大厦的通信网络 COM 是以数字程控交换机(PABX)为核心,以语音信号为主,兼有数据信号、传真、图像资料传输的通信网络。该通信网络不仅要保证大厦内的语音、数据、图像的传输,且要与外界的通信网络,如电话网、用户电报网、传真网、公用数据网、卫星通信网、无线电话网及多种计算机网络相通,达到与国内外各种场所互通信息、查询资料,实现信息资料共享。智能大厦的信息基础设施是结构化综合布线系统 SCS,它包括建筑与建筑群综合布线系统 PDS、智能大厦布线系统 IBS 和工业布线系统 IDS。IBS 是在PDS 基础上发展起来的,采用模块化方法,使语音、数据、BAS 的测控信号进行系统集成,彻底改变了过去按项目纵向布线,互不兼容的做法,使得设备增减、工位变动,通过跳线简单插拔即可,而不必变动布线本身,大大方便了管理、使用和维护。

　　智能大厦的 3A 或 5A 功能是通过大厦内计算机网络系统将众多的子系统集成的。所有这些独立的或相互交叉的子系统均置于楼宇控制中心,都需构筑在计算机网络及通信的平台上。

　　智能大厦的计算机网络总体结构如图 5 - 12 所示,主要由主干网 Backbone、楼内的局域网 LANs 和与外界的通信联网等 3 部分组成。

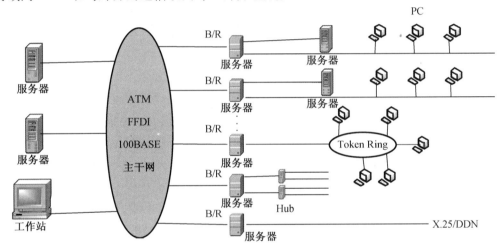

图 5 - 12　智能大厦网络总体结构图

　　主干网根据需要覆盖智能大厦楼群中的一个大楼内的各楼层。楼内的中心主机、服务器、各楼层的局域网以及其他共享的办公设备通过主网互联,构成智能大厦的计算机网络系统。

　　楼层局域网分布在一个或几个楼层内。有时可在一个楼层内配置一个或几个局域网网段,或几个楼层配置一个局域网。这些不同的局域网或网段可以通过路由器或集线器连接起来。

　　智能大厦与外界的通信和联网主要借助于邮电部门公用通信网。目前主要可利用的公用通信网有 X.25 公用分组交换网 PSDN,数字数据网 DDN 和电话网。如有需要和可能,也可利用卫星通信网或建立微波通信网。

5.3.4　办公自动化与管理信息系统

　　办公自动化系统是一个人机系统。办公自动化系统综合了人、机器、信息资源三者的关系。在这三者中,信息是被加工的对象,机器是加工的手段,人是加工过程的指挥者和成果的享用者。在办公自动化系统中,尽管机器设备是重要因素,但人及人的素质才是决定性因素。办公自动化是多种技术和先进设备的综合。办公自动化的主要技术和设备为计算机技术、通信技术及其他相关设备。办公自动化是多种学科的综合。办公自动化不仅仅是先进技术和设备的简单集合,它还涉及行为科学、系统科学、管理科学、社会学以及人机工程学等一系列学科,因此,办公自动化可以说是一个边缘学科。

　　综上所述,三要素在智能大厦中,楼宇自动化系统是基础;通信网络系统是核心,是大厦的中枢神经;办公自动化和管理信息系统则是使智能大厦取得效率和发展的必要手段,三要素缺一不可。智能大厦在追求高技术的应用而给建筑物增添了高附加价值,达到节能、安全、经济等预期目标的同时,也在追求着创造宜人工作、生活的舒适环境。随着全球社会信息化与经济国际化的深入发展,智能大厦已成为各国综合经济国力的具体表征,是各大跨国企业集团国际竞争实力的形象标志,也是未来信息高速公路网站的一个主结点。

5.4　交通运输自动化

5.4.1　无人驾驶技术

1. 智能汽车

　　随着卫星导航系统(GPS)的广泛应用,开发无驾驶员的智能型汽车的任务,提到了议事日程上来。利用 GPS 系统,汽车的主人只要事先把想要去的地点输入其中,就可以随时掌握自己的汽车在地图上处于什么位置,知道走哪条路可以最快地到达目的地。汽车在行驶中能够自动转向刹车和换挡,因此车上无须驾驶员,乘车人可以随心所欲地谈话、读书、工作、娱乐,车内成为一个充满乐趣的生活空间。

　　开发这种汽车的技术关键有两个方面。

　　一是要研制能正确选择车道、感应障碍物、自动避免冲撞的技术。如德、法等国研制的"自动智能巡航控制(ATCC)系统",就是这样一种装置,它可以用来选择最佳行车路线,防止与前面的车辆靠得太近,在能见度很差的情况下可以安全地行驶。这种装置能自动控制本车相对于其他车辆的速度。一种传感器在不断地测量前面车辆的速度,并据此调节加速器,确定自己的合理车速。车上的红外激光不断地扫描车前的道路,寻找障碍物,同时把所获数据在汽车的挡风玻璃上显示出来;遇有危险情况时,会自动降低车速或紧急刹车,处理时间为 300 ms。

　　二是必须铺设专用道路。这种道路的灵魂和核心是各种信息设备和传输技术,它通常由监测器、数据搜集器、中心电脑、电子显示牌和闪光灯等构成。监测器设置在公路两旁或上方,汽车驶过时它会把车流信息通知路旁的数据搜集器,进而传至中心电脑,由中心电脑自动调节红绿灯时间,使车辆的停留时间减至最小。同时,路旁的电子显示牌会显示交通堵塞的程度,范围以及其他交通情况;或启动闪光灯,提醒乘车人收听当地交通情况广播,以便采取相应的措施。

实现汽车的无人驾驶,离不开社会的高度信息化。未来的智能汽车上装有多功能电话、高清晰度电视机、传真机和导航系统等,同外部的通信机能很强。有的车上还装有同总公司联机制终端和电视电话,可以在车上参加公司召开的会议,也可以一边在各个疗养地旅游休假,一边完成各自的工作。这样,汽车就不单是联结两地的交通工具,而成为一架移动的信息机器,或移动的办公室。

2. 自动化列车

自动化技术在交通领域的另一个主要阵地,即为在列车控制方面的应用。自 20 世纪 80 年代中期起,快速信号处理技术(如微型计算机、传感器和无线电通信技术等),就已冲击了传统的铁路信号传输领域。此外,对列车控制也提出了新的要求。

列车信号装置由于在长期的使用过程中,不断改进,已具有可靠的性能。虽然如此,目前正在推广的新型列车控制系统,采用不同的方法对那些传统的装置进行改进。其目标是:

(1)降低成本

希望通过改变列车控制系统的结构,使运输能力主要由车辆的数量控制,而不受路边信号装置功能和布置的影响,尽可能地减少道边信号装置。

(2)提高性能

近年来,许多国家为了运行高速列车,对改进信号传输系统的要求随之提高,希望不是改建大量道边信号装置而是采用新的控制系统来实现。

(3)增强功能

随着为提高服务质量对出发地－目的地直达车的要求增多可能带来的问题,通过新型列车控制系统来解决。

(4)高安全性

开发一种可用于不同线路上的具有相同结构的新型列车控制系统,系统的设计、安装及操作等各个步骤就可实现统一,从而可带来诸如降低成本、防止出错等许多有效的结果。

能够满足上述要求的控制系统的一般结构方式和实现方法有以下几种方案:

(1)地面系统向列车发出指令,包括列车允许到达的地点及通过限速;车上控制系统根据地面系统的指令、列车制动特性及线路坡度,计算出安全行车速度曲线,并将列车的运行速度控制在该曲线限定范围以内。

(2)信号信息可显示在司机室操纵台上,从而可以取消道边信号装置。

(3)地面控制系统根据车上系统测量,以无线电发送的列车位置信号对每列车进行跟踪,并根据列车位置数据和前方线路状态,对列车进行指令控制。

(4)地面及车上系统的逻辑运算及控制,均采用微型计算机进行集中处理。

(5)无线电通信系统采用通用元器件及标准模型结构。

展望未来列车控制系统在发展过程中,正沿着这几种方案进行,它们的方向是完全一致的,即增强现有列车控制系统的功能,并使其具有独立性。正如汽车和飞机有多种发动机位置和牵引方式一样,铁路部门也可以有多种列车控制系统,既要成本低,又要可靠性高,还要结构灵活简单,以利于将来的发展。

3. 无人驾驶飞机

无人驾驶飞机是一种以无线电遥控或由自身程序控制为主的不载人飞机。它是高科技技术的集中载体,主要应用于现代战争。它的研制成功和战场运用,揭开了以远距离攻击型智能化武器、信息化武器为主导的"非接触性战争"的新篇章。

与载人飞机相比,无人驾驶飞机具有体积小、造价低、使用方便、对作战环境要求低,以及战场生存能力较强等优点,它以其准确、高效和灵便的侦察、干扰、欺骗、搜索、校射及在非正规条件下作战等多种作战能力,发挥着显著的作用,并引发了层出不穷的军事学术、装备技术等相关问题的研究。它将与孕育中的武库舰、无人驾驶坦克、机器人士兵、计算机病毒武器等一道,成为21世纪陆战、海战、空战、天战舞台上的重要角色,对未来的军事斗争造成较为深远的影响。一些专家预言:"未来的空战,将是具有隐身特性的无人驾驶飞行器与防空武器之间的作战。"目前其作战应用还只局限于高空电子及照相侦察等有限技术,并未完全发挥出应有的巨大战场影响力和战斗力。

无人机和战斗机的结合,构成了一种全新的武器系统——无人驾驶战斗机,具有准确的攻击能力,近年来随着制导技术日趋成熟,可重复使用的无人驾驶飞机的控制水平也日益提高。有人将反辐射导弹的技术移植到无人机上,研制出了反辐射无人机,成为一种对地面雷达极具威胁的新式武器。

美国国防部在1999年1月进行了一系列翼展60 cm、质量为200 g的小型无人机试验,并获得了成功。目前,其空中飞行器计划中又推出了12种大小只有152 mm的袖珍型无人飞行器的预研方案,其中4种的研制工作已正式启动。另外,仅有一美元纸钞大小的遥控战斗机已经研制出来。机上装有超敏锐感应器,可"闻"出柴油发动机排出的废气,一旦被它盯上,就会紧追不放,且可以拍摄夜间红外照片,将敌动态和坐标传到200 km外的基地,引导导弹精确命中目标。它执行任务时不用担心敌方雷达系统,适合全天候全时程作战。

为了提高作战效益和执行各种任务的需要,一种有人和无人两用型战斗机,也将随着无人驾驶飞机技术的日益成熟而在未来的空战中出场。它具有两个可以相互独立工作的飞机操作平台,既可以和普通飞机一样由飞行员操纵飞行,也可以由基地指挥中心直接遥控飞行或预置飞行程序自身控制飞行。两用型战斗机的优点是在执行某项任务中,当飞行员伤亡或出于其他原因对飞机操作失灵或是需要暂时脱离飞行操作工作以完成其他任务时,飞机的遥控指挥系统只要未被破坏,仍可以顺利完成任务,安全返回。

5.4.2 自动化公路

自动化公路是交通自动化的先导和基础,也是现代工业国家的生命线。在许多国家交通阻塞造成的时间耽搁、燃油浪费,以及毫无必要的废气排放,都给社会造成了很大的损失。自动化公路是扩大公路交通能力的最省钱的途径。

自动化公路系统通过辟出一条车道或一组车道，来让装有专门设备的小汽车、卡车和公共汽车等在计算机的控制下结队行驶，通过一个小型计算机网络（这些小型计算机安装在汽车内以及某些路段的路边）来协调车流，从而增大车流量，提高公路的运输能力。自动化公路交通所需的新技术大部分集中在汽车中，一个前视传感器或一个摄像机探测前方的危险障碍物和其他车辆以及车道边界，这些设备与计算机相连，由计算机迅速处理得到的图像，然后操纵汽车转向、刹车，使车辆保持适当的速度和姿态。每辆汽车上都载有数字无线电设备，它使车上的计算机能够同附近的其他车辆通信，也能与监控公路上的监视计算机通信，使驾车者得知有关汽车运行情况的信息。

一条典型的高速公路车道每小时可通过约 2 000 辆汽车，而一条配备特殊装置后可自动引导车流的车道，每小时将能通过约 6 000 辆汽车。由于不需要修建新的公路和拓宽现有的公路，节省下来的钱用来支付汽车自动行驶所需的复杂电子设备的费用绰绰有余。研究和发展自动化高速公路已是迫在眉睫的问题，相信在不远的将来，自动化公路会有长足的发展。

5.4.3　自动无人搬运车

无人搬运车系统 AGVS 是当今柔性制造系统 FMS 和自动化仓储系统中物流运输的有效手段。无人搬运车系统的核心设备是无人搬运车（AGV），作为一种无人驾驶工业搬运车辆，AGV 在 20 世纪 50 年代即得到了应用。一般用蓄电池作为动力，载重量从几公斤到上百吨，工作场地可以是办公室、车间，也可以是港口、码头。现代的 AGV 都是由计算机控制的，车上装有微处理器。多数的 AGVS 配有集中控制与管理计算机，用于对 AGV 的作业过程进行优化，发出搬运指令，构件以及控制 AGV 的路线。

无人搬运车的引导方式主要有电磁感应引导、激光引导和磁铁陀螺引导等方式，其中以激光引导方式发展较快，但电磁感应引导和磁铁陀螺引导方式占有较大比例。电磁感应引导是利用低频引导电缆形成的电磁场及电磁传感装置引导无人搬运车运行。

5.5　信息自动化

5.5.1　企业信息化

企业信息化是国民经济和社会信息化的基础之一，是企业技术进步的重要内容，是企业增长方式转变的重要手段。

企业信息化的目的有三个：提高效率和效益、节省人力、节约材料，进而达到降低成本的目的；提高产品质量、产品精度、改进产品性能；加快产品开发和生产周期、提高市场占有率。企业信息化与自动化的内涵是相通的、融合的，企业信息化即生产过程自动化与管理信息化的一体化。首先,从企业信息化的内容看,它应是包含生产过程自动化在内。因为企业信息化内容有生产系统的信息化、营销系统的信息化、管理系统的信息化等。而其中生产系统的信息化首要指生产过程控制,即对生产数据的采集、传输、处理、实施监测、控制。当然有连续生产和非连续(离散)生产的控制,也就是通常称为生产自动化的那部分工作。其次,从管理信息化的发展要求看,任何一个企业的管理都分为操作层、管理层与决策层3个层次。信息技术服务于管理要求而应用于上述3个层次。最近几年信息技术的迅速发展,因特网、内联网、外联网等的出现,将管理信息系统推向了新的阶段。在这样的背景下,它更需要作为底层基础的过程控制自动化技术的进展与之相配套。再次,从自控技术本身的发展看,自控技术新的微电子技术、网络技术、通信技术越来越与密不可分。尤其是被称为"跨世纪的自控新技术——现场总线"更是如此。现场总线是综合运用微处理技术、网络技术、通信技术和自动控制技术的产物。它把微处理器置入传统的测量控制仪表,使它们各自具有了数字计算和数字通信能力,成为能独立承担某些控制、通信任务的网络节点。这样,以现场总线为纽带,把原来分散的测控设备和仪表,连接成可以相互沟通信息、共同完成自控任务的网络系统与控制系统。所以,从信息化的角度看现场总线使自控系统与设备加入信息网络的行列,成为企业信息网络的底层,使企业信息沟通的覆盖范围一直延伸到了生产现场。

由以上分析可以得到如下认识:随着信息技术对各行各业日益广泛和深入的渗透,生产过程自动化与管理信息化两者的界限正趋于模糊,而"融合"则越来越多。这种趋势不但表现在硬件上,更表现在软件上。出现这种趋势是必然的,因为,就实质而言,生产过程的控制就是生产过程中信息的处理和加工,以及其结果的反馈实施。随着数字化的发展和计算机信技术在生产过程中扮演着越来越重要的角色,生产过程自动化的核心问题正在演变为生产过程的信息化问题。开放系统具备的特征是:标准化、可移植性、可伸缩性和可操作性。现场总线技术的兴起,改变了控制系统的结构,使其走向网络化的发展道路,因而产生了控制网。由于它位于网络结构的底层,所以称为底层网。

控制网络与信息网络的集成,为企业信息化或企业综合自动化 CIPA(Computer Integrated Plant Automation)创造了有利条件,从宏观上看,在人类历史上,工业自动化已经及正在经历的几个阶段:以人力操作为特征的劳动密集型工业阶段、以单机设备自动化为主导的设备密集型工业阶段、以信息处理为核心的信息密集型工业阶段,以及以基于知识的自动化处理(知识管理)为核心的知识密集型工业阶段。随着因特网的迅速发展和用户的急剧参加,因特网已成为全球最大的信息中心,人类最丰富的知识资源宝库。在企业信息化与自动化紧密结合的同时,相互渗透、相互补充,使二者有更大的发展。

5.5.2 "金桥、金卡、金关"三金工程

1. "金桥"工程

"金桥"工程,即国家公用经济信息网络工程。该工程是以卫星、通信电缆、光缆、微波等多种传输手段实现全国性的和跨国的计算机联网,建立起国家公用信息平台,为国

家对国民经济进行宏观统计和调控,为国民经济各部门和国民生活各方面的信息交换和共享提供一条"准高速国道"。该工程将把大部分中心城市以及 3 000～5 000 家大中企业连接起来,为各级领导及有关部门及时、准确、可靠地提供国家有关经济信息和国民经济的数据,对于提高我国宏观经济调控、决策水平和信息共享,有非常重要的意义。

2."金卡"工程

"金卡"工程,即金融电子化工程。推行"信用卡",包括银行清算系统、联网信息系统和柜台业务系统以及个人的信用卡和储蓄卡。如在三亿城市人口中推广普及信用卡,可以大大减少货币发行量和流通量,减少货币在个人或单位的滞留量,提高资金利用率,简化货币支付手续,使资金利用率和周转速度大大提高。这样,在资金流通过程中出现的许多问题,如资金体外循环和偷税漏税都可防止,并能大大提高国家金融机构对资金的宏观调控能力。随着这一工程的实施,全国的大型商业企业将全面实行计算机管理,各零售商店普遍使用电子收款机,在商业物流环节全面推行条码管理。在联通和完善全国金融业务信息网的基础上,在全国各大中城市广泛实现持卡金融交易,从而使资金周转速度和利用率提高 3～4 倍。全国税收管理信息系统将使 35 个中心城市、420 个大中城市、1 200 个县城的三亿人口实现凭卡纳税和结税。

3."金关"工程

"金关"工程,即国家对外经济贸易信息网工程。通过计算机网络对整个国家的"物流"实施高效管理,即通过海关、经贸、金融、外汇管理和税务等部门联网,使海关进出口贸易结汇和退税计算机化,利用信息开展准确核查,以减少损失。目标是采用电子数据交换方式实现国际上目前已普遍采用的无纸贸易。

不难看出,"三金"工程是我国信息基础设施建设的重大工程,是对我国现有信息基础设施的重要升级和改造。它的完成不但将大大加强我国与国际信息技术发展的接轨,还将对国内生产方式和人民生活方式的许多领域产生深刻影响,我国国民经济信息化的比重也将有明显提高。

5.6　农业自动化

近些年来,自动化技术被大量应用于农业和农业机械领域,智能化仪器、设备和机器的采用给农业生产带来崭新的局面,电子技术和计算机技术的迅速发展推动了农业机器向智能化方向发展。虽然,自动化农业比机械化农业前进了一大步,但自动化并非能做到在人完全不干预的情况下,使农业生产各环节达到最优。因为农业生产过程涉及的因素具有多样性和复杂性,单靠简单的传感和控制系统无法加以解决。如果机器能够根据作物的状况和其他相关因素来决定如何进行某项作业,该机器就应具有对多种信息快速处理及推理分析与决策的能力,也就是说机器是智能化的。广泛采用了智能技术之后,农业生产中主要决策和作业均由智能化机器或系统来完成,这样的阶段可称为农业生产的智能化阶段。

20世纪80年代以来,有关农业的智能化技术研究不断增多,但大都处在研究阶段。其中研究和应用得最多的是机器(计算机)视觉和图像处理系统。此外,神经网络系统、决策支持系统也已在农业生产方面得到了应用。智能化技术使传统机械无法作业的项目实现了机械化。在许多国家,蘑菇生产的集约化程度虽很高,但人工采摘蘑菇效率低,且分类的质量不易得到保证,从而制约了生产效率和经济效益的提高。因此,研制了具有计算机视觉系统的蘑菇采摘机器人,使蘑菇生产从苗床管理到收获分类实现了全过程自动化。为了降低收获樱桃西红柿的成本,日本研制了用于收获樱桃西红柿的机器人,为确定果实的位置,采用了双目立体成像技术,成功率约为70%。其他研究如利用机器识别作物形状、大小分布等也很多,智能化技术使农业机械的工作更加符合农艺要求。智能化技术研究使农业机动机器人有了重大突破。

农业温室大棚智能监控系统(图5-13)主要包括数据采集显示系统、视频语音监控系统、远程手机监控、综合展示监控系统。数据采集系统可直观显示和控制温室中的相关数据和设备。系统可灵活组网,新温室子系统可灵活加入或退出母系统。系统采用太阳能供电。数据显示系统每隔数天开一次计算机,它就可以连续的收集温室的环境数据,并按年月分别存放在相应的数据文件中。它能以平面图或立体图的方式同时绘制任意时刻的光照强度、目标温度、室内温度、目标湿度、室内湿度、CO_2浓度等的全年、全月、全周、全日的变化曲线并打印输出。系统采用太阳能供电。视频语音监控系统可监控生产中的作物生长状况,兼顾安防,可实现远程和本地的对讲。远程手机监控系统可以利用手机终端进行温室内环境信息的实时查询,并设置控制条件,实现远程控制灌溉、风机、补光灯、遮阳网、棉被等功能。综合展示系统构建中心监控室,进行园区所有环境数据、图像信息的远程发布系统,以及本地系统展示,并根据用户设置条件进行超限短信报警。本系统已经交付哈尔滨民主乡棚室蔬菜基地大棚园区使用。

图5-13　农业温室大棚智能监控系统

农机定位与精准作业管理系统(图5-14),该系统可安装于大型农场的农机驾驶舱内,实现对农机所在位置、工作状态、耕作方式等信息进行检测与获取,并基于GPS/北斗卫星实现对农机的远程定位与无线监测,很好地解决了农场对于农机的监测、调度问题,实现了农垦农机统一规划、科学管理的耕作思想。该系统结合了嵌入式技术、GPS/北斗双模定位技术,以及无线通信技术,是一套拥有自主知识产权的农机监测系统。选用双模定位技术来进行联合定位,提高定位的可靠性和安全性。

作业种类选择功能能在终端嵌入式系统中选择作业种类并进行作业开始、暂停和终止操作;农机 ID 识别能在终端嵌入式系统中输入农机的编号;作业幅宽的设置功能支持人工选择作业幅宽;农机行车信息采集解析农机的定位信息并显示;农机故障报警发送故障报警信号,支持人机交互,触屏操作。

本系统在七星农场已进行相关试验测试,完全满足农场作业管理需求。本系统申请发明专利 5 项,已受理 2 项,已授权 1 项。

图 5 - 14　农机定位与精准作业管理系统

对大型粮食烘干设备工作效能的检测,目前是采用将温湿度传感器放置于设备内部,采取对各监测点分区取样的人工操作方式。由于被测设备的体积大、测试点数量较多,导致数据传输线缆距离长、质量大,不利于测试设备的运输及转场;另外,由于烘干设备多位于野外,收到数据传输线缆长度的限制,测试人员也多工作于野外,测试人员的工作环境比较恶劣;再者,测试数据需要人工进行二次处理,测量的精度和效果难以保证。

基于上述检测方式和技术的缺陷,哈尔滨工程大学自动化工程研究所利用无线射频技术和嵌入式单片机技术设计了一套大型粮食烘干设备工作效能智能检测系统(图 5 - 15)。该系统实现了粮食烘干设备效能检测、检测数据无线传输以及测试数据智能化处理等功能,从而提高了检测方式的智能化程度,既保证的测量精度又提高了测试效率,降低了测试人员的工作强度。

图 5 - 15　大型粮食烘干设备工作效能智能检测系统

系统由信息采集器、数据集中器及数据分析处理软件三部分组成。整个系统采用全数字化网络结构,提高了系统的抗干扰能力。系统呈星型网络拓扑结构,通过数据集中端将信息采集端连接起来组成一个小型无线网络。PC机通过RS485总线与数据集中器连接,从中读取数据并进行分析。系统可实现14路温度采集、6路温湿度混合采集、2路高温采集,其中温度采集由5个数据采集器完成,温湿度混合采集4个数据采集器,高温采集由2个数据采集器完成。

本系统已经交付黑龙江农垦科学院农业机械试验鉴定站,并用于黑龙江中储粮巴彦万发屯直属库、中央储备粮吉林台安直属库等多套粮食烘干塔的检测。

农业生产和农场的管理是智能化技术在农业上应用的又一重要领域。许多学者还对神经网络技术在农业生产中的应用做了很多工作,采用输入最高气温、最低气温、光周期、种植天数或开花天数的方法来预测大豆的开花期或生理成熟期;运用最优控制和神经网络技术对花生灌溉问题进行了研究;还运用模拟的方法进行了花生农场农机选择的研究。

总体来看,智能化技术在农业上的应用尚处于起步阶段。虽然个别领域已有较为成套的设备或系统应用,但大部分研究尚处于为智能化做准备或打基础的阶段,如各种传感元件的研究,各种信息的收集、分析、处理方法的研究及各种模型和决策系统的研究等。智能化、自动化技术在农业上将有更为广阔的应用。

5.7　医学自动化

医学自动化是自动化领域又一个重要的应用。

生化自动分析仪是利用自动化技术、光学、电子学和计算机科学,把临床化学分析过程中的取样、加样、分配试剂、混合、加温以及分析过程的监控和数据处理、输出等一系列程序加以自动化的仪器。1953年,美国的L. Skeggs首次介绍了一种自动化分析仪器(Autoanalyzer),20世纪60年代中期出现了分立式自动分析仪并向多通道发展,70年代后迅速进入推广、普及阶段。随着新的技术革命中电子工程,计算机科学的迅速发展,自动分析仪出现了性能上的飞跃,此后不到20年时间里其发展速度令人惊讶。展望生化自动分析仪,它将进一步向高效化、智能化、系统化的方向发展,其技术支撑仍是计算机的开发与应用,可使全实验室自动化,其功能为把临床化学、免疫学、血液学分析仪及尿液分析仪通过自动传送带连接成一个大的流水线系统,在其前端和后端各有一台处理装置和一台样品收纳装置,整个系统和计算机相连,可进行样品分配、运输、分析过程的监控及数据处理,并输出(打印)和存储。

生化自动分析仪的出现和广泛应用促进了临床化学、计划时代的转变。虽然酶法分析为生化自动分析仪的应用创造了条件,反过来生化自动分析仪的普及也推动了酶法分析的进一步发展。二者的结合改变了过去生化化学中长期占主流的传统化学分析方法,是实验室工作者摆脱了强酸、强碱和火焰相伴的手工操作。免疫学测定中浓度分析的迅速发展也使得一些传统新兴的免疫学检验项目有可能用于生化自动分析仪,和过去手工式血清学操作相比,大大简化了分析程序,也提高了分析质量。实验医学新发展阶段的到来,将有助于节约人力、资源,提高工作效率。

自动分析应用于临床化学、免疫学、血液学,对病人来说同时满足了过去常常被认为是相互对立的"快"和"准"的基本需求,在医学上是一个不可低估的进步。生化自动分析仪以高速度、高性能、高分析质量承担了一些全民疾病早期诊断、社会保健的重要工作,是自动化技术的又一成功应用领域。

自动接骨机、康复机器人、智能心电仪、CT 机器都是自动化科学技术在医学上的应用,并且在进一步扩大。生物信息学是新兴的学科方向,方兴未艾。

参 考 文 献

［1］ MORGAN M J. 近海船舶的动力定位［M］. 耿惠彬,译. 北京:国防工业出版
社,1984.

［2］ 邓志良,谷丽丽,胡寿松,等. 遗传算法在船舶动力定位系统中的应用［J］. 江南大
学学报(自然科学版), 2006, 5(4):460 – 462.

［3］ STEFFEN T . Control Reconfiguration of Dynamical Systems［D］. Springer Berlin Heidelberg,
2005, 24(2):119 – 24.

［4］ 边信黔,付明玉,王元慧. 船舶动力定位［M］. 北京:科学出版社,2011.

［5］ SPERRY E. Directional stability of automatically steered bodies［J］. Journal of the
Ameriean Soeiety of Naval Engineers, 1992,42 (1):2 – 13.

［6］ 张显库,贾欣乐. H_∞ 积分控制在船舶自动舵中的应用［J］. 大连海事大学学报,1998
(4):44 – 47.

［7］ 金杰. 制药过程自动化技术 ［M］. 北京:中国医药科技出版社,2009.

［8］ 彭黎明. 检验医学自动化及临床应用［M］. 北京:人民卫生出版社,2003.

［9］ 管晓宏. 信息科学技术概论之八:自动化科学与技术的发展［M］. 北京:科学技术出
版社,2004.

［10］ INDIVERI G, PINO M, AICARDI M, et al. Nonlinear Time-Invariant Feedback Control of
An Underactuated Marine Vehicle Along A Straight Course［C］// Proc Ifac Conference on
Manoeuvring and Control of Marine Craft,2000:221 –226.

［11］ 韩璞. 自动化专业(学科)概论［M］. 北京:人民邮电出版社,2012.

［12］ 阎毅. 信息科学技术概论［M］. 武汉:华中科技大学出版社,2008.

［13］ 陈瑞阳. 工业自动化技术［M］. 北京:机械工业出版社 ,2011.

［14］ 徐立芳. 工业自动化系统与技术［M］. 哈尔滨:哈尔滨工程大学出版社,2014.

［15］ LIU S, FANG L, LI J L. Application of H_∞ , Control in Rudder/Flap Vector Robust
Control for Ship Course ［C］// International Conference on Mechatronics and
Automation. IEEE, 2007:774 – 778.

［16］ 叶瑰昀,罗耀华,金鸿章. 减摇鳍模糊参数自整定 PID 控制器设计及仿真研究
［J］. 船舶工程, 2002(3):39 – 42.

［17］ 杨庆勇. 船舶新型抗沉减摇防倾覆装置［M］. 大连:大连海事大学出版社, 2006.

［18］ 于萍,刘胜. 船舶减摇非线性系统神经网络控制研究［J］. 信息与控制, 2003, 32

（3）:264 –267.

[19] HADDARA M R, WISHAHY M. An investigation of roll characteristics of two full scale ships at sea[J]. Ocean Engineering, 2002, 29(29):651 –666.

[20] 刘胜,方亮. 舰船舵/鳍联合减摇鲁棒控制研究[J]. 哈尔滨工程大学学报, 2007 (10):1 109 –1 115.

[21] 洪碧光. 船舶操纵[M]. 北京:人民交通出版社,2002.

[22] 吴秀恒. 船舶操纵性与耐波性(船舶工程专业用)[M]. 2 版. 北京:人民交通出版社,1999.

[23] 焦侬. 减摇鳍自适应控制系统的研究和仿真[J]. 船舶工程, 1998(4):37 –39.

[24] SHENG L, LIANG F, LI G Y, et al. Fin/flap fin joint control for ship anti – roll system[C]// IEEE International Conference on Mechatronics and Automation. IEEE, 2008(31):386 –391.

[25] 张晓宇, 金鸿章, 李国斌,等. 船舶力控减摇鳍系统建模与仿真[J]. 中国造船, 2002, 43(2):64 –70.

[26] 刘胜,陈胜仲,孙静川. 主鳍/襟翼鳍船舶减摇联合控制系统的研究[J]. 哈尔滨工程大学学报, 1999(04):20 –26.

[27] FREDRIKSEN E, PETTERSEN K Y. Global κ-exponential way-point maneuvering of ships: Theory and experiments[J]. Automatica, 2006, 42(4):677 –687.

[28] 张显库. 船舶运动简捷鲁棒控制[M]. 北京:科学出版社,2012.

[29] 王燕婕. 舵鳍联合控制系统的模型建立[D]. 哈尔滨:哈尔滨工程大学,1995.

[30] LIU S, FANG L, LI J L. Rudder/Flap Joint Intelligent Control for Ship Course System [C]// International Conference on Mechatronics and Automation. IEEE, 2007:1 890 –1 895.

[31] 王鲁军,凌青,袁延艺. 美国声呐装备及技术[M]. 北京:国防工业出版社,2011.

[32] YANG F, WANG Z, HUNG Y S, et al. H_∞ control for networked systems with random communication delays[J]. IEEE Transactions on Automatic Control, 2006, 51(3):511 –518.

[33] 刘胜. 现代船舶控制工程[M]. 北京:科学出版社,2010.

[34] YANG F, GANI M, HENRION D. Fixed-Order Robust H_∞ Controller Design With Regional Pole Assignment[J]. IEEE Transactions on Automatic Control, 2007, 52(10):1 959 –1 963.

[35] KHOSROWJERDI M J, NIKOUKHAH R, SAFARI-SHAD N. A mixed H_2/H_∞ approach to simultaneous fault detection and control.[J]. Automatic,2004, 40(2):261 –267.

［36］ 刘胜,方亮,葛亚明,等. 基于神经网络的襟翼舵升力系数预报［J］. 哈尔滨工程大学学报(英文版), 2006, 27(B07):83-87.

［37］ 任俊生. 高速水翼船非线性运动建模及控制的研究［D］. 大连:大连海事大学,2005.

［38］ 李殿璞. 船舶运动建模［M］. 2版. 北京:国防工业出版社,2008.

［39］ 关巍. 基于Backstepping的船舶运动非线性自适应鲁棒控制［D］. 大连:大连海事大学,2010.

［40］ YANG Y, JIANG B. Variable structure robust fin control for ship roll stabilization with actuator system［D］. American lontrol lonference. IEEE,2004,6(6):5 212-5 217.

［41］ DADRAS S, MOMENI H R, DADRAS S. Adaptive control for ship roll motion with fully unknown parameters［D］. International Conference on Control and Automation. IEEE, 2009:270-274.

［42］ 李高云. 大型船舶航向/航迹智能容错控制研究［D］. 哈尔滨:哈尔滨工程大学,2010.

［43］ 叶宝玉,王钦若,熊建斌,等. 船舶航向非线性Backstepping自适应鲁棒控制［J］. 控制工程, 2013, 20(4):607-610.

［44］ 时昌金,张绍荣,邱云明. 船舶偏航运动控制策略［J］. 上海:上海海事大学学报, 2007, 28(1):115-120.

［45］ 刘胜,林瑞仕,方亮. 船舶襟翼舵神经网络控制伺服系统［J］. 控制工程, 2008, 15(5):544-548.

［46］ 张显库,贾欣乐. 船舶运动控制［M］. 北京:国防工业出版社,2006.

［47］ 赵连恩. 高性能船舶水动力原理与设计［M］. 2版. 哈尔滨:哈尔滨工程大学出版社,2009.

［48］ 孙洪程,马昕,焦磊. 过程自动化工程［M］. 北京:机械工业出版社,2015.

［49］ ZWIERZEWICZ Z. On the ship path-following control system design by using robust feedback linearization［J］. Polish Maritime Research, 2013, 20(1):70-76.

［50］ 张银何. 自动化制造系统［M］. 北京:机械工业出版社,2011.

［51］ 韩冰. 欠驱动船舶非线性控制研究［D］. 哈尔滨:哈尔滨工程大学,2004.

［52］ LIU S, PING Y U, YAN-YAN L, et al. Application of H infinite control to ship steering system［J］. Journal of Marine Science and Application, 2006, 5(1):6-11.

［53］ 李铁山,杨盐生,洪碧光,等. 船舶航迹控制鲁棒自适应模糊设计［J］. 控制理论与应用, 2007, 24(3):445-448.

［54］ 方亮. 舰船航向—舵/翼舵智能协调控制研究［D］. 哈尔滨:. 哈尔滨工程大学,2006.

[55] 刘胜,常绪成,李高云. 船舶双舵同步补偿控制[J]. 控制理论与应用,2010.

[56] CHEN M, GE S S, HOW B V E, et al. Robust Adaptive Position Mooring Control for Marine Vessels[J]. IEEE Transactions on Control Systems Technology, 2013, 21 (21):395 – 409.

[57] 王再英,韩养社,高虎贤. 智能建筑:楼宇自动化系统原理与应用[M]. 北京:电子工业出版社,2011.

[58] 王盛卫. 智能建筑与楼宇自动化[M]. 北京:中国建筑工业出版社,2010.

[59] HUSA K E, FOSSEN T I. Backstepping designs for nonlinear way-point tracking of ships[C]. The 4th IFAC Conference on Manoeuvring and Control of Marine Craft,1997.

[60] 万百五. 自动化(专业)概论[M]. 武汉:武汉理工大学出版社. 2010.

[61] PETTERSEN K Y, LEFEBER E. Way-point tracking control of ships [C]. Proceedings of the IEEE Conference on Decision and Control,Orlando,Florida,USA, 2001:940 – 945.

[62] 刘澜,甘灵. 铁路运输自动化理论与技术[M]. 成都:西南交通大学出版社,2015.

[63] DO K D, JIANG Z P, PAN J. Robust global stabilization of underactuated ships on a linear course[C]// American Control Conference, 2002. Proceedings of the. IEEE, 2002:304 – 309.

[64] 陈慧岩. 无人驾驶汽车概论[M]. 北京:北京理工大学出版社,2014.

[65] 黄操军. 农业应用电子技术与自动化[M]. 北京:中国农业出版社,2010.

[66] DO K D, PAN J. Global tracking control of underactuated ships with nonzero off-diagonal terms in their system matrices[J]. Automatica, 2005, 41(1):87 – 95.

[67] DO K D, PAN J. Global robust adaptive path following of underactuated ships[J]. Automatica,2006,42(10): 1 713 – 1 722.

[68] 孙静川, 刘胜, 邓志红, 等. 船舶襟翼鳍伺服系统 H_∞ 控制器设计[J]. 信息与控制, 2000, 29(4):360 – 365.

[69] WEN J D, YI G. Global time-varying stabilization of underactuated surface vessels[J]. IEEE Transactions on Automatic Control,2005,50: 859 – 864.

[70] BAO-LI M. Global k-exponential asymptotic stabilization of underactuated surface vessels[J]. Systems and Control Letters,2009,58(3):194 – 201.

[71] 李铁山,杨盐生. 基于耗散理论的不完全驱动船舶直线航迹控制设计[J]. 应用科学学报, 2005(02): 204 – 208.

[72] 李铁山,杨盐生,郑云峰. 不完全驱动船舶航迹控制输入输出线性化设计[J]. 系统工程与电子技术,2004(07): 945 – 948.

[73] 卜仁祥,刘正江,李铁山. 船舶航迹迭代非线性滑模增量反馈控制算法[J]. 交通运输工程学报,2006(04): 75 - 79.

[74] LIU S, HONG Z. IGA-FCM Double Groups Parallel Clustering Algorithm[C]. IEEE International Conference on Automation and Logistics,2008.9:13 - 17.

[75] 刘胜,王五桂. 穿浪双体船纵向运动姿态控制系统设计研究[C]. 2011 船舶仪器仪表学术年会,2011.

[76] LIU S,CHANG X C. Synchro-control of twin-rudder with cloud model [J]. International Journal of Automation and Computing, 2012, 9(1):98 - 104.

[77] 刘胜,常绪成,李高云. 多基地声呐回波信号接收技术研究[J]. 仪器仪表学报, 2010,31(7):1 466 - 1 471.

[78] SHENG L, XING B, BING L. Development actuality and key technology of networked control system[C]// Control Conference. IEEE, 2013:6 692 - 6 697.

[79] 刘胜,王宇超,傅荟璇. 船舶航向保持变论域模糊 - 最小二乘支持向量机复合控制[J]. 控制理论与应用,2011,04:485 - 490.

[80] 刘杨,郭晨. 直线航迹控制的鲁棒自适应逆推设计[C]. Proceedings of the 7th World Congress on Intelligent Control and Automation,Chongqing,China,2008.

[81] 张靖伦,王晓飞. 一种欠驱动船舶直线路径跟踪的预测控制器设计方法[J]. 中国水运(下半月刊), 2011(03): 61 - 62.

[82] PETTERSEN K Y, NIJMEIJER H. Underactuated ship tracking control:Theory and experiments[J]. International Journal of Control, 2001, 74(14):1 435 - 1 446.

[83] 王晓飞. 基于解析模型预测控制的欠驱动船舶路径跟踪控制研究[D]. 上海:上海交通大学, 2009.

[84] 刘胜,王宇超,冯晓杰. 穿浪双体船纵向运动 $T - S H_\infty$ 鲁棒控制研究[C]//第三十三届中国控制会议论文集(B 卷),2014.

[85] HO W H, CHEN S H, CHOU J H. Optimal control of Takagi-Sugeno fuzzy-model-based systems representing dynamic ship positioning systems [J]. Applied Soft Computing, 2013, 13(7):3 197 - 3 210.

[86] LIU S, CHANG X C. Simulation research on reverberation for bistatic sonar system [J]. Technical Acoustics, 2010,29(4):355 - 360.

[87] 刘胜,杨丹,苏旭,等. 基于改进 UKF 的水翼双体船纵向姿态估计[C].第三十二届中国控制会议论文集(C 卷),2013.

[88] CHANG W J, LIANG H J, KU C C. Fuzzy Controller Design Subject to Actuator Saturation for Dynamic Ship Positioning Systems with Multiplicative Noises [J]. Proceedings of the Institution of Mechanical Engineers, 2010, 224(6): 725 - 736.

[89]　PEREZ T. Ship Motion Control：Course Keeping and Roll Stabilisation Using Rudder and Fins[M]. Springer Publishing Company, Incorporated, 2005.

[90]　施小成. ROV 工作母船动力定位控制系统研究[D]. 哈尔滨：哈尔滨工程大学,2001.

[91]　ROBERTS G N. Optimization technique applied to the design of a combined steering-stabilizer system for warships[C]. Proceedings of the 13th World Congress of IFAC. San Francisco,USA,1996.

[92]　杨亚东,杲庆林. 船舶操纵[M]. 武汉：武汉理工大学出版社,2015.

[93]　LU G , HO D W. Robust H_∞ observer for nonlinear discrete systems with time delay and parameter uncertainties[J]. IEEE Proceedings-Control Theory and Applications, 2004, 151(4):439－444.

[94]　ASHRAFIUON H,MUSKE K,MCNINCH L,et al. Sliding mode tracking control of surface vessels[J]. IEEE Transactions on Industrial Electronics. 2008,55(11):4 004－4 012.

[95]　KAHVECI N E, IOANNOU P A. Adaptive steering control for uncertain ship dynamics and stability analysis[J]. Automatica, 2013, 49(3):685－697.